會展運營管理

Event Operation Management

主編◎胡平

崧燁文化

目　　錄

前言

會展有經濟發展和社會進步的「助推器」之稱。隨著中國經濟的快速發展，對外開放的擴大和申奧、申博成功，會展業以年平均20%的增幅迅猛發展，並開始逐步走向國際化、專業化、規模化和品牌化。

本書從會展業的實踐和管理學基礎理論著手，分別從時間、空間兩個視角，重點闡述了會展業的流程管理和資源整合，研究體系完整，重點突出，便於指導實踐。

本書共分十一章。第一章主要介紹會展業的有關概念和運作機制；第二章主要介紹管理學的基礎理論，形成對會展管理的認識框架；第三、四、五章是會議流程，分別介紹了會前管理、會中管理和會後管理；第六、七、八章是展覽流程，分別介紹了展前管理、展中管理和展後管理；第九、十、十一章是從會展資源的視角，分別介紹了人力資源、訊息資源和安全資源，以及從會展管理的角度，介紹了對資源的整合。

全書各章節編寫分工如下：第一、二、九章由胡平編寫；第三、四章由姜雅靜編寫；第五、八章由張欽編寫；第六、七章由苑炳慧編寫；第十章由夏晗編寫；第十一章由李晨霞編寫；楊杰參與了部分工作。本書既可作為會展、旅遊等行業從業人員的職業培訓教材，也可作為會展、旅遊等專業院校和培訓機構的參考用書。

由於時間倉促和編者水平有限，本書疏漏之處懇請批評指正。

編者

第一章　會展與會展業

◆本章重點◆

透過本章的學習，掌握會展的概念和會展業的運行機制，瞭解會展的類型、性質、作用、發展條件和不同運行主體在會展業運行過程中所起的作用。

◆主要內容◆

●會展與會展業

會展的概念；會議的類型；展覽的類型；會展業的概念；會展業的產業特性分析；會展業的作用

●會展業運行機制

會展業的參與主體；會議業的運行機制；展覽業的運行機制

第一節　會展與會展業的界定

一、會展的概念界定

會展，顧名思義，包括「會」和「展」，所謂「會」，就是「聚合」之意。在英文中表示「會」的詞語有：gathering（集會），meeting（大會、會議、集會），convention（代表大會、年會），conference（大會、會議），congress（定期會議），assembly（全體會議、正式會議），seminar（研討會），forum（論壇）等。所謂「展」，就是「陳列」之意。在英文中表示「展」的詞語有：exhibition（展覽），exposition（展覽會、博覽會），fair（展銷會），show（展覽展示）。會與展放在一起進行研究，倒是中國的獨創，但也有一定的道理。

說它獨創，是因為在國外這兩個問題在大多數國家是分開來進行研究的，研究人群也不相同，例如，在美國，會議產業的領導者是會議產業理事會（CIC，Convention Industry Council的簡稱），出現了會議專業組織機構（PCO，Professional Congress Organizer，在歐洲使用較多），一些團體還進行會議專業人員認證，CIC的會議專業證書CMP（Certified Meeting Professional的簡稱）和MPI（Meeting Professional International）的會議管理證書CMM（Certified Meeting Manager的簡稱）就是兩例，喬治·華盛頓大學從1978年開始就開設了《會議策劃》的課程，專門研究會議；展覽業研究中心（CEIR，Center for Exhibition Industry Research的簡稱）原為貿易展示局，主要致力於展覽這種市場營銷工具的研究，國際展覽管理協會（IAEM，International Association for Exhibition Management）則負責注冊會展經理證書CEM（Certified Exposition Manager的簡稱）培訓。

但是隨著會展業的迅速發展，會展融合的發展趨勢日益明顯，展中有會，會中有展。會與展在相互滲透的基礎上，又吸收了一些相關的新專業知識，如獎勵旅遊、節慶活動等，由此漸漸融合成一門新興邊緣學科。

會展理論研究尚處在初級階段，國內外關於會展的定義有很多表述，代表性的定義有：

（1）比較多的一種說法是：會展是聚會、獎勵旅遊、年會和展覽活動的總稱。英文簡稱「MICE」，四個字母分別是Meeting、Incentive、Conference、Exhibition四個英文單詞的第一個字母的組合。

Meeting——許多人聚集到某地進行交流、協商或舉行某一特殊活動的總稱，在時間組織形式上可以是自由的臨時性的，也可以是有一定的固定模式，如年會、委員會議等。

Incentive——作為對表現優秀的員工的獎勵之一而組織他們進行的一次聚會活動。

Conference——以討論、務實、解決問題或協商為目的的參與性集會。與定期大會（congress）相比，其規模通常較小，性質限定更加明確——為了便於訊息交流。「Conference」在舉辦頻率上沒有特殊規定，儘管其本身不受時間限制，但通常都是在某一特定時期內舉行，且目標明確。

Exhibition——陳列展示產品和服務的各種活動。

會展的這一定義是從涵蓋的範圍進行定義的，比較全面，但概念過於寬泛，難以抓住重心。

（2）桑德拉·莫羅提出：會展是由個人或公司組織的一個暫時性的、時限靈活的市場環境，在這裡購售雙方為當時或將來某個時間買賣所展出的商品或服務而進行直接交流。這一定義主要界定的是展覽，不夠全面。

（3）勒克赫斯特認為，會展並不僅僅是在某個時間和地點將人們感興趣的物品聚集起來。會展是人類的行為，是人類的事業，有些會展甚至是人類因特定的原因並為獲得特定的結果而進行的非常偉大和勇敢的行為。會展是人類交往的一種方式，促銷商與參展商作為會展一方與會展另一方觀展者進行交流溝通，其結果則透過人類進一步的思想和活動來體現。這一定義主要是從人類學方面加以界定的，過於晦澀。

（4）保健雲提出：會展是會議、展覽、展銷等集體性活動的簡稱，是指在一定地域空間，由多個人集聚在一起形成的，定期或不定期的，制度或非制度性的集體性和平活動。這一定義從會展的特點著手加以介紹，比較全面準確，但比較注重實體空間，忽視虛擬空間。

就會展的定義而言，還有很多表述，由於界定的角度不同，表述自然會有差異，不過，從多側面瞭解會展的概念，對全面瞭解會展是有好處的，為了便於進一步研究，我們將會展定義為：特定空間的集體性的物質或精神的交流或交易活動。「特定空間」是指活動必須要有特定的目的地或場地，這一目的地或場地可以是有形的、實體的，也可以是無形的、虛擬的；「集體性」是指活動要有一定的規模，有一定的影響力；「物質或精神」是指活動的承載物可以是物質形態，如展品，也可以是精神形態，如會議主題；「交流或交易」是指活動目的可以是交流，也可以是交易。從這一概念出發，寬泛的會展概念就由這四方面的特徵加以貫穿起來，符合這一特徵的有關內容有：大型會議、獎勵旅遊活動、交易會、展覽會、博覽會、展銷會、體育運動會、各類節慶活動等。

二、會展的類別

儘管會展的概念很寬泛，但是現階段研究的重點還是在會議和展覽兩個方面，因此關於會展的類別上，主要分成兩大類：一是會議，一是展覽。

（一）會議的種類

會議類型很多，不同的劃分標準，有不同的劃分結果，常見的劃分標準有以下五種：一是根據會議舉辦主體分；二是根據會議活動內容分；三是根據會議功能和任務分；四是根據會議性質分；五是根據會議與會者來源分。

1.根據會議舉辦主體分

（1）協會會議。協會是會議的最主要客源。地方性協會、全國性協會乃至世界性協會每年都有可能舉辦各種會議。

（2）公司會議。它是本行業、同類型行業及行業相關的公司在一起舉辦的會議。一般包括以下幾種：銷售會議、推銷商會議、技術會議、管理者會議、培訓會議、代理商會議、股東會議等。

（3）其他組織會議。如政府會議、工會組織和政治團體會議、宗教組織會議等。

2.根據會議活動內容分

（1）商務型會議。主要是為了公司的業務或管理需要而召開的會議，一般層次較高，需求較高，消費標準也較高，會期較短。

（2）渡假型會議。以渡假休閒為主的會議。

（3）文化交流會議。以文化學習交流為主的會議。

（4）專業學術會議。某一領域有一定專業技術的專家參加的會議。

（5）政治性會議。國際政治組織、國家或地方為某一政治議題召開的會議。會議有大會和分組討論等形式。

（6）培訓會議。用一個會期對某類專業人員進行的有關業務知識方面的技能訓練或理論培訓，一般採用講座、討論、演講等形式。

3.根據會議功能和任務分

（1）決策性會議。組織中決策人員對工作中的重大問題集體討論作出決策的會議，如政府部門的辦公會議、經濟組織的董事會。

（2）工作性會議。組織中為研究布置工作而召開的會議，如全國經濟工作會議。

（3）學術性會議。指為研討傳播學術問題而召開的會議，如孔子教育思想學術研討會。

（4）商貿性會議。以商務經貿活動為目的的會議，如經貿洽談會。

（5）彰顯性會議。指為宣傳教育、溝通訊息而召開的會議，如表彰會、通氣會。

4.根據會議性質分

（1）法定性會議和非法定性會議。法定性會議是根據有關法律法規規定必須舉行的具有法律效率的會議，以及特定組織為履行法定職責而舉行的會議，如各級人代會、股東大會、協會的會員代表大會；非法定性會議是指法律法規允許的法定性會議以外的會議，如學術研究會、經貿洽談會。

（2）正式會議和非正式會議。一般在國際會議中，各方為解決共同關心的實質性問題，並形成具有約束力的共同文件，依據事先約定的有關規則和程序而進行的會議就是正式會議；反之以協商、交際、宣傳為目的，不形成正式決議或無確定的議事規則的會議就是非正式會議。

5.根據會議與會者來源分

（1）國際性會議。會議代表來自不同的國家或地區的會議。

（2）全國性會議。會議代表來自全國各地或各條戰線的會議。

（3）地方性會議。會議代表來自一個國家的某一或某些地區的會議。

（4）單位性會議。會議代表來自一個特定組織內部的會議。

國際性會議因其複雜性程度高、商業價值大而受重視程度最高。許多國際會議研究機構都對國際會議概念進行了規定，如ICCA就規定國際會議要符合以下三個條件：①人數不少於50人；②至少3個國家輪流舉辦；③定期性會議。而UIA則規定：①人數不少於300人；②至少5個國家輪流舉辦；③至少3天會期；④與會外國人士不少於40%。足見國際會議受重視程度之高。

（二）展覽的類型

展覽的分類從不同的角度劃分，類型也不一樣。

1.從性質上分

展覽有貿易展（Trade Fair）和消費展（Exhibition）兩種。貿易性質的展覽是為產業即製造業、商業等行業舉辦的展覽，展覽的主要目的是交流訊息、洽談貿易；消費性質的展覽基本上都展出消費品，目的主要是直接銷售。展覽的性質由展覽組織者決定，可以透過參觀者的成分反映出來：對工商業開放的展覽是貿易性質的展覽，對公眾開放的展覽是消費性質的展覽。具有貿易和消費兩種性質的展覽被稱作是綜合性展覽。

2.從內容上分

展覽有綜合展覽（multi-branch trade fair/exhibition）和專業展覽（specialized trade fair/exhibition）兩類。綜合展覽指包括全行業或數個行業的展覽會，也被稱作橫向型展覽會，比如工業展、輕工業展；專業展覽指展示某一行業甚至某一項產品的展覽會，比如鐘錶展。專業展覽會的突出特徵之一是常常同時舉辦討論會、報告會，用以介紹新產品、新技術等。

3.從規模上分

展會有國際、國家、地區、地方展，以及單個公司的獨家展。這裡的規模是指展出者和參觀者所代表的區域規模，而不是展覽場地的規模。不同規模的展覽有不同的特色和優勢。國際展覽由於影響力大、商業價值高、涵蓋面廣，受到主辦者的特別重視。

4.從時間上劃分

展覽有定期展和不定期展，定期展一般指有固定舉辦週期的展覽，有一年四次、一年兩次、一年一次、兩年一次等不同種類，在英國，一年一次的展覽會占展覽會總數的3/4。不定期展則是指沒有固定週期的展覽，展覽按照時間長短，分成長期展和短期展。長期展可以是三個月、半年；而短期展一般不超過一個月。在發達國家，專業展覽會一般是四天。展覽日期受財務預算、訂貨以及節假日的影響，有旺季、淡季。根據英國展覽業協會的調查，3～6月及9～10月是舉辦展覽會的旺季，12～1月以及7～8月為舉辦展覽會的淡季。上海展覽業也有類似的分布規律。（圖1.1）

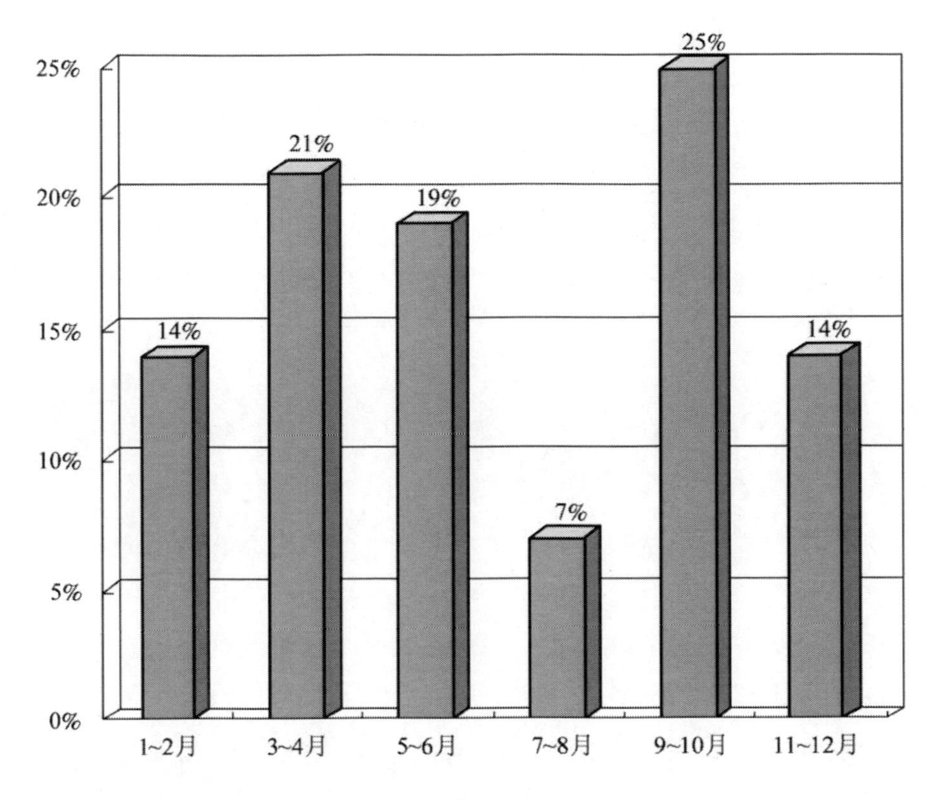

圖1.1 2005年上海展覽月分布

資料來源：根據上海會展行業協會《會展資訊》整理

5.按照場地位置分

展覽分室內展和室外展。室內展多用於展示常規展品的展覽，比如紡織展、電子展等；室外展多用於展示超大超重等非常規展品的展覽，比如航空展、礦山設備展。在幾個地方輪流舉辦的展覽會被稱作巡迴展。比較特殊的是流動展，即利用飛機、輪船、火車、汽車作為展場的展覽會。

三、會展業的概念

目前對會展業的內涵還沒有較為統一和權威的界定，比較有代表的概念有以下幾種：

《國民經濟行業分類與代碼》（GB/T　4754—2002）對會展業的界定是：會展業，隸屬於商務服務業，指會議及展覽服務，即為商品流通、促銷、展示、經貿洽談、民間交流、企業溝通、國際往來而舉辦的展覽和會議等活動，代碼是7491。（商務服務業是74，其他商務服務業是749，會議和展覽服務業是7491）。

范能船、朱海森在《城市旅遊學》中提出，會展產業是指由會展經濟運動而引起的相互聯繫、相互作用、相互影響的同類企業的綜合。

馮曉麗、覃家君認為，會展業簡單來說，就是指透過興建場館、舉辦展覽、召開會議為商務洽談和商品交易等提供服務的一種活動。其服務對象主要是企業、經紀人、商貿團體等。它是一種涵蓋內容很廣的綜合性服務活動。

倪鵬飛提出，會展業是透過舉辦各種形式的會展和展覽展銷，能夠帶來直接或間接經濟效益和社會效益的一種經濟現象和經濟行為，也被稱為會展產業和會展市場。

應麗君在《21世紀會展經濟與會展產業》中提出一種較為新穎的提法，她認為會展業與會展產業是兩個不同的概念，會展業指的是會展行業，即直接為會展市場經濟活動提供產品和服務的部門和行業的總稱，屬於第三產業，由會展專業舉辦組織、會展場館、會展設計搭建工程、會展服務四大基本行業部門要素構成。而會展產業則是指為會展業直接提供服務和支持的部門以及行業總稱。會展產業包括的部門和行業涉及第一產業、第二產業和第三產業的眾多部門和行業，而會展產業本身屬於第三產業範疇。

程紅在《會展經濟：現代城市「新的經濟增長點」》一書中指

出，會展業是會議業和展覽業的總稱，是指圍繞會議、展覽的組辦，會展的組織者、展覽場館的擁有者、展覽設計搭建單位開展的一系列經濟活動。

凌敏中提出，所謂會展業是指透過舉辦各種形式的展覽和會議能帶來直接或間接的經濟效益和社會效益的行業，在國際上被稱為MICE。並提出會展業是一種龍頭行業，能帶動相關行業如旅遊、運輸、飲食、住宿、通訊、裝潢、娛樂、購物等行業的發展。

所謂會展業，是指現代城市以必要的會展企業和會展場館為核心，以完善的基礎設施和配套服務為支撐，透過舉辦各種形式的會議或展覽活動，吸引大批與會人員、參展商、貿易商及一般公眾前來進行經貿洽談、文化交流或旅遊觀光，以此帶動城市相關產業發展的一種綜合性產業。

透過對上述界定的比較和分析，可以界定會展業包括以下幾個要點：第一，會展業是一種產業。目前會展業已經出現了一批同類相關企業集合，所以我們應該充分肯定會展業即是會展產業。第二，會展業以會議和展覽為主要運作和表現形式。雖然廣義的會展活動包括會議、展覽、大型國際體育活動、大型紀念或慶祝活動等，但是會議和展覽是主要的會展活動。第三，會展業既能帶來經濟效益，又能帶來社會效益。第四，會展業屬於第三產業，是一種新型服務經濟。第五，會展業是一種綜合性經濟，涵蓋的相關行業非常廣泛。

綜合上述各種定義，對會展業界定如下：會展業是一種以會展公司和會展場館為核心，以會議和展覽為主要形式，為其他各種經濟或社會活動提供服務，能夠帶來直接或間接的經濟效益和社會效益並能造成龍頭作用的綜合性服務產業。

目前，對於會展業的產業構成還沒有較為系統和全面的論述，只不過是在一些論著或文章中有一些涉及，比如：

應麗君對會展業進行界定的時候提到，會展業由會展專業舉辦組織、會展場館、會展設計搭建工程、會展服務四大基本行業部門要素構成。另外，同樣在本書中，應麗君還提出，會展業是圍繞會展舉辦活動而形成的一個經濟部門，包括組織單位、參展商、參觀者、會展場館、會展工程、會展服務企業等，以及與之密切相關的旅遊等行業。

魏中龍在《我為會展狂》中提出，一般狹義的會展業是指以會展為業的部門，包括行業協會、展覽組織籌辦公司、展覽場館、展覽設計施工公司、展覽道具製作公司等。廣義的會展業除以上所述外，還包括運輸、廣告、餐飲、交通等部門中為會展提供服務的部門。

倪鵬飛認為，會展業是一門系統工程的綜合經濟，相關行業很多，除了會展業的行業協會、展覽設計施工公司、展覽公司、展覽場館外，還包括廣告、餐飲、交通、旅遊等為會展提供服務的部門。還提出一個會展業產業結構組成示意圖。（圖1.2）

上述各種觀點都是對會展業產業構成的有益探索，對我們認識和理解會展業有很大幫助。分析上述各種觀點，我們認為會展業的產業構成還是值得進一步探討的。

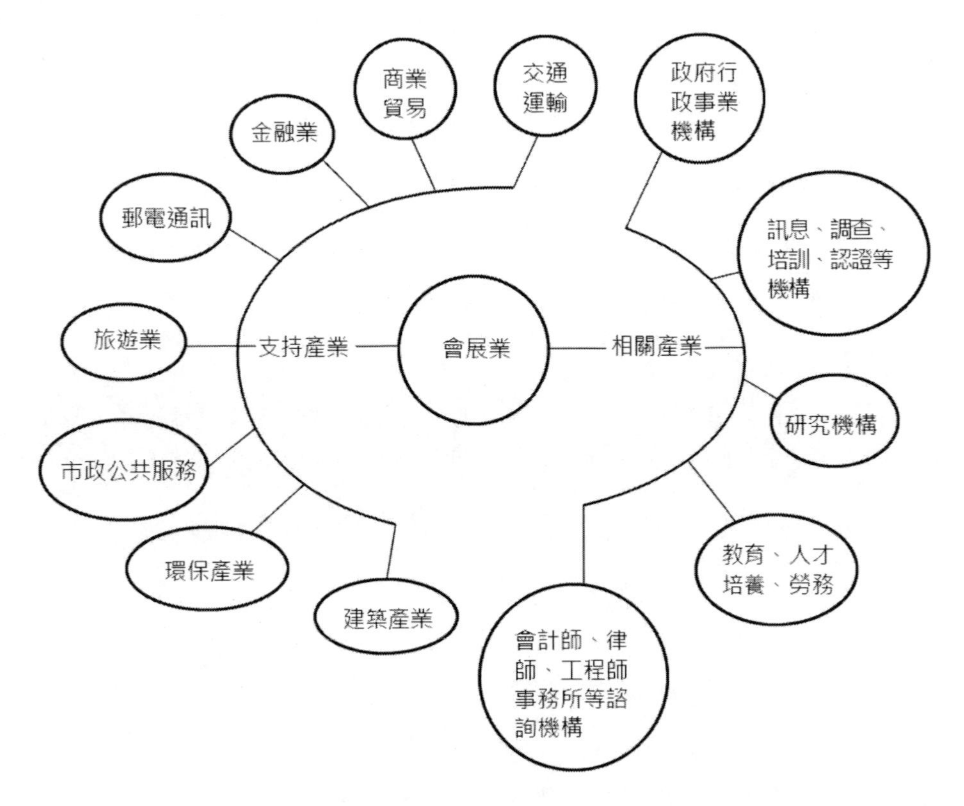

圖1.2 會展業產業結構組成示意圖

會展業的產業構成分為會展業內部部門、會展業直接影響部門、會展業間接影響部門。會展業內部部門主要是會展公司和會展場館企業，而會展影響的行業非常多，許多國民經濟部門都不同程度地與會展業有著聯繫和影響，根據國民經濟各行業與會展活動的關聯度，我們從部門間內在的技術聯繫和直觀的經驗出發，把與會展相關的行業部門分為受會展直接影響和間接影響兩個層級。

（1）會展直接影響的行業

會展直接影響的行業涉及15個行業大類，這15個行業大類分別來自以下6個門類：

一是交通運輸、倉儲和郵政業門類，涉及8個行業，即：鐵路運輸業、陸路運輸業、城市公共交通業（公共電汽車客運、軌道交通、出租車客運、城市輪渡、其他城市公共交通）、水上運輸業、航空運輸業、裝卸搬運和其他運輸服務業、倉儲業、郵政業。

二是批發和零售業門類，涉及1個行業，即零售業。

三是住宿和餐飲業門類，涉及2個行業，即：住宿業（旅遊飯店、一般旅館、其他住宿服務）、餐飲業。

四是租賃和商務服務業門類，涉及2個行業，即：租賃業、商務服務業（企業管理服務、法律服務、諮詢與調查、廣告業、知識產權服務、職業中介服務、市場管理、旅行社、其他商務服務）。

五是水利、環境和公共設施管理業門類，涉及1個行業，即公共設施管理業（包括市政公共設施管理、城市綠化管理、遊覽景區管理）。

六是文化、體育和娛樂業門類，涉及1個行業，即娛樂業（包括室內娛樂活動、遊樂園、休閒健身娛樂活動、其他娛樂活動）。

（2）會展間接影響的部門

會展間接影響的部門涉及53個行業大類，這53個行業大類分別來自以下14個門類：

一是製造業門類，涉及25個行業，分別是：農副食品加工業，食品製造業，飲料製造業，紡織服裝、鞋、帽製造業，皮革、毛皮、羽毛（絨）及其製品業，家具製造業，印刷業和記錄媒介的複製、文教體育用品製造業，石油加工、煉焦及核燃料加工業，化學原料及化學製品製造業，醫藥製造業，化學纖維製造業，橡膠製品業，塑料製品業，非金屬礦物製品業，黑色金屬冶煉及壓延加工業，有色金屬冶煉及壓延加工業，金屬製品業，通用設備製造業，專用設備製造業，交通運輸設備製造業，電氣機械及器材製造業，通訊設備、電腦及其他電子設備製造業，儀器儀表及文化、辦公用機械製造業，工藝品及其他製造業。

二是電力、燃氣及水的生產和供應業門類，涉及3個行業，分別是：電力、熱力的生產和供應業，燃氣生產和供應業，水的生產和供應業。

三是建築業門類，涉及4個行業，分別是：房屋和土木工程建築業，建築安裝業，建築裝飾業，其他建築業。

四是訊息傳輸、電腦服務和軟體業門類，涉及3個行業，分別是：電信和其他訊息傳輸服務業，電腦服務業，軟體業。

五是批發和零售業門類，涉及1個行業，即批發業。

六是金融業門類，涉及3個行業，即：銀行業，證券業，保險業。

七是房地產業門類，涉及1個行業，即房地產業。

八是科學研究、技術服務和地質勘察業門類，涉及2個行業，即：研究與試驗發展，專業技術服務業。

九是居民服務和其他服務業門類，涉及2個行業，即居民服務業，其他服務業。

十是教育門類，涉及1個行業，即教育。

十一是衛生、社會保障和社會福利業門類，涉及1個行業，即衛生。

十二是文化、體育和娛樂業門類，涉及4個行業，即：新聞出版業，廣播、電視、電影和音像業，文化藝術業，體育。

十三是公共管理和社會組織門類，涉及2個行業，即：國家機構，群眾團體、社會團體和宗教組織。

十四是國際組織門類，涉及1個行業，即國際組織。

在實際研究中，我們主要研究會展業對直接相關部門的影響，而對間接相關部門因比較難以測度，研究較少。

四、會展業的產業特性分析

相比於其他產業，會展業是一種新興朝陽產業，一種具有較大獨立性的新型經濟形態，其產業特徵如下：

（一）會展業是一種新型特殊服務經濟

會展業的部門內容是為第一產業和第二產業服務的，從這個意義上講，會展業應該列為第三產業。但是，從對第三產業劃分的四個層次來看，我們很難對號入座地把會展業劃分到哪個層次之中，因為會展內容涉及第三產業的所有層次，首先會展活動包含有流通部門的內容，會展活動的主要功能就是促進商品的流通和訊息的交流。另外，會展活動的內容和形式多種多樣，既有為生產、生活服務的，也有促進科學文化和居民素質發展的，還有專門滿足社會公共需要的。所以，會展業是一個邊緣行業，既從屬於第三產業，又不同於第三產業的一般部門，是一種新型特殊服務經濟。

（二）綜合性非常強，相關行業範圍非常廣泛

從上面對會展業的產業構成以及會展業的相關支持性行業的分析可以看出，會展旅遊是一項系統工程、綜合經濟，與其密切相關的行業非常廣泛，包括旅遊業、餐飲業、酒店業、交通運輸業、廣告業、包裝印刷業、通訊業等等。一方面，會展業離不開這些行業的支持，另一方面，它又有強大的產業帶動作用，帶動這些行業蓬勃發展。所以會展業又有「城市麵包」之稱。

（三）對經濟、社會總體形勢的依賴性非常強，產業敏感度比較高

從全球各地區各城市會展業發展的情況來看，會展業的發展水平很大程度上取決於一國或一個地區經濟總體實力或經濟發展總體形勢。經濟社會持續、健康、快速發展，既對展覽業提出了更高的要求，也為展覽業的發展提供了根本推動力和更好的基礎條件。

另外，會展業發展對社會總體形勢的依賴性也非常強。會展業需要一個安定和諧的社會環境，任何因素導致的社會不穩定都可能給會展業發展帶來不良影響。例如2003年爆發的「SARS」給會展業帶來巨大的損失。根據有關調查評估，展覽場館和主要經營會議場所的損失將占全年收入的40%左右；主辦單位和承辦單位的損失將占其全年收入50%以上；而關聯企業，如裝修業、廣告業、運輸業等的損失也約占其全年收入的50%。

（四）會展活動是一種高度開放型的產業

會展活動是物質與精神以及訊息交換或交流的媒介和載體。首先，會展作為一種經濟交換形式，在商品流通中發揮著重要的作用。據美國一項調查報告顯示，在製造、運輸等行業以及批發業，2/3以上的企業將展覽作為流通手段，在金融、保險等行業1/3以上的公司將展覽作為交流和流通的手段。另外，會展活動還具有強大的訊息交流功能，它透過產品陳列和產品展示的方式，為買賣雙方打造一個技術、訊息交流的平台，為他們提供了一個直接、互動的交流機會。所以，會展產業是作為一種開放的產業形態而存在的，它的發展必然會引起社會資源和要素在地區、乃至全球範圍內的自由流動，提高各國、各地區的開放性，使整個世界成為一個開放的體系。

五、會展業的作用

就世界性的經濟中心城市來說，會展業已經成為其繁榮的象徵，巴黎、倫敦、紐約、日內瓦、慕尼黑、新加坡、香港等，都從會展業的市場運作中獲得了繁榮。就一些中等城市而言，會展業的發達也可以促進其全面走向繁榮，德國的漢諾威和美國的拉斯維加斯就是如此。會展業從以下角度促成了大中城市的繁榮：

（一）會展業本身具有直接的經濟效益

目前，會展業是高收入、高盈利的行業，其利潤率大約在20%～25%之間。例如，美國一年舉辦的200多個商業展會帶來的經濟效益超過38億美元。歐洲的一項會展業評估研究表明，經濟發達國家會展業的產值約占其GDP總值的0.2%左右。據麥肯錫統計，2000年全美展館租金收入、廣告贊助及其他會展服務收入分別是63億和21億美元，那麼僅會展直接收入就為84億美元。

（二）會展業對相關行業有明顯的拉動作用

如前所述，會展業綜合性很強，行業涵蓋範圍廣泛，對於旅遊、酒店、運輸、郵政、通訊以及零售業等都有強大的產業拉動效應。據麥肯錫統計，2000年全美參展人數為4122萬人，而每個參展人員花在相關展覽外活動上的費用平均為1200美元。會展直接收入是84億美元，而會展相關社會性收入（住宿、餐飲等）495億美元，使得會展業總體經濟效益達到了579億美元，會展直接收入對相關產業的拉動係數達到了1：6。而以每個參展人員花費的1200美元作細化分析，住宿占比例最高為46.8%，其餘依次為餐飲24.2%，個人消費（觀光、購物、娛樂）16.5%，交通運輸6.2%，其他開支6.3%。

（三）可提高主辦城市的知名度

會展業，特別是國際會展業，由於競標性的申辦和眾多的參與者來自世界各地，因此對於一個城市或地區而言，可以極大地提高其知名度。會展活動具有強大的集聚功能，能使一個城市在短時間內會聚大量的人員和產品，從而大大提高舉辦城市的知名度和影響力。國際上有許多以會展著稱的城市，如德國的漢諾威、杜塞道夫、萊比錫、慕尼黑等均是世界知名的會展之都。法國首都巴黎，平均每年承辦300多個國際大型會議，因此贏得了「國際會議之都」的美譽；上海「99財富論壇」的召開，預示著上海在向國際展覽名城的方向邁進提高了國際的知名度。

（四）有利於加快城市基礎設施建設，提高城市文明程度

會展業的發展必須依託城市良好的基礎設施，例如，具備國際化先進水平的展館，便捷發達的對外對內的交通運輸系統，設施先進、服務優良的飯店，能滿足人們休閒和旅遊需求的景點以及其他各種生活和文化設施等等，所以發展會展業可為改善城市基礎設施提供動力和契機，有利於城市基礎設施上升到一個新的水平。

（五）提供大量的就業機會，提高城市就業水平

香港有關統計表明，會展業每1000平方公尺的展廳面積，可創造100個就業機會。以會展業發達的漢諾威為例，在漢諾威市第三產業中，會展業就業人數占到2/3以上。

會展業是一項系統工程、綜合經濟，又是一種特殊的服務行業，它與相關的行業關係都很密切，且涉及面廣，包括展覽營銷、展覽工程、廣告宣傳、運輸報關、商旅餐飲、通訊交通、城市建設等等。所以，這種高效、無汙染和對相關產業極強的帶動能力，使會展業成為經濟發展的「助推器」。

第二節　會展業的市場運作機制

一、會展業的參與機構

一個地區發展會展業通常涉及多個部門和機構，一個成熟目的地的會展業通常有以下參與機構。

（一）政府

用市場運作機制推行會展業不是不要政府，相反，政府在這一政策中要發揮十分重要的作用。市場運作機制的前提是要形成市場。市場運作機制的一個關鍵條件是市場的規範化。沒有規範化的管理，不可能形成大規模的買賣關係，形成了也不能持久。

顯然，會展市場的培育和管理都離不開政府。政府培育會展業最直接的手段，莫過於直接組織國內展或出國辦展。

會展局在國外大致有三種形式：一是單獨設置會議局，與旅遊局平行設置，如倫敦會議局、巴黎會議局等；二是與旅遊局合署辦公，互不隸屬，如波士頓會議與旅遊局、舊金山會議與旅遊局；三是會展隸屬於旅遊局或其他經貿部門下的二級職能局，如新加坡會展署就是隸屬於旅遊局。

（二）會展計劃者

這是會展的賣方，各國政府、非政府組織和公司等機構，是會議源產生單位。

（三）專業會議組織者（PCO和CHA）和展覽公司

專業會議組織者（PCO）一般規模較小，負責起草申辦、策劃、組織、協調、安排和接待國際會議和大型活動。有一些旅行社/旅行商也做會議業務，尤其是在會議接待中，扮演著重要角色，形成了一種叫做會議操作代理人（CHA）的專業分工。

（四）目的地管理公司（DMC）

目的地管理公司（DMC）最初是從事會展活動過程中的具有後勤管理工作的機構，後來逐漸承擔起PCO的部分工作。它們與會展場館的關係是委託經營，當然也有會展場館自己經營管理的。目前，會議展覽中心的經營管理模式主要有三種：一是官營，即政府投資，政府招展，政府經營，或是政府的有關單位去經營。如中國國際展覽中心就屬於這種類型。二是商營，即民營，沒有政府的參與，純粹是用商業手法去經營，私人投資買地建館。三是官商合營，即場地和展館的產權屬於政府所有，而管理由商業性專業管理公司負責，完全用商業的手法去經營。如香港會議展覽中心。目前世界上大部分的展覽館屬於第一種和第三種。

會議中心管理集團、國際酒店管理集團等在會展中心管理和會議接待過程中，也起著重要的作用。

會議展覽中心的管理包括硬體和軟體的管理，從城市的角度去看，一個優良的會展中心應該具備如下條件：首先展館要設施良好、地點適中，同時所處地點一定要交通便利；其次是周邊要有環境配合，會議展覽中心建在住宅區或工業區就不太適合；第三應具有齊全的，包括場地、住房、通訊、運輸、餐飲和購物等在內的設施和服務；最後，政府的政策配合也極其重要。

會展中心的硬體管理主要包括五項內容：①常用設施及裝備應有足夠的維修保養，比如場館、水電供應、通訊系統等；②緊急事故應變系統保持正常運作，比如消防系統、播音設備等；③提供適合及足夠的家具、器材和設備；④保持場地清潔及適當的廢物處理能力，符合當地環保要求；⑤有效控制設施的運作成本。

會議展覽中心的軟體管理包括：①專業管理人才培養；②提高優質服務水平；③展館資源配置；④制定合理的定價標準；⑤處理好與客戶間的關係。

（五）展商和會議代表

這是市場的買方，是會展旅遊市場的必然要素。組織成為買方至少要具備兩個條件：一是購買願望，二是購買能力。從中國當前情況來看，購買能力是組織能否成為買方的決定性條件。

（六）觀眾

會展中的觀眾可以理解成買家的買家，這對於會展產品的買家，具有重大的意義，也是展會成功的標誌之一，觀眾可以包括專業觀眾和一般觀眾。

（七）其他中介組織

會展市場的培育和管理的另一個要素是中介機構（行業協會）。中介機構在幫助政府部門決策、執行政府決定、說服會展參與機構接受會展理念等諸多方面，是一支不可或缺的生力軍。對會展市場的興旺發展造成巨大的促進作用。

會展業具有開放性，參與會展業的機構還有很多，比如金融界。資金的獲得對任何組織的重要性都是不言而喻的。會展業的基礎設施如酒店、會議中心、展覽館等的建設，都需要大量的資金投入，沒有金融界的支持和合作，僅憑投資方自有資金是很難正常運轉的。金融界的介入不應僅停留在貸款上，更應積極參與會展業的運作，形成會展業與金融界的有效互動。各類學會、協會、媒介、教育單位也都是參與會展業的機構。

二、會展業的市場參與機制

以上我們主要說明的是會展業的各參與主體。各主體在市場中呈現以下關係：

（一）會議業市場參與機制

會議業市場各主體的參與機制如圖1.3所示：

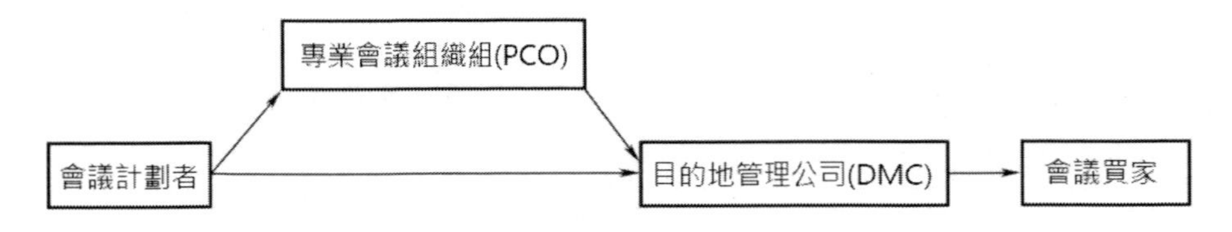

圖1.3 會議業市場參與機製圖

會議計劃者將會議產品出售給PCO，PCO組織會議的買家（會議出席者）購買產品，這當中的接待工作交給DMC去完成。現在的DMC有時直接與會議的計劃者接觸，銷售會議產品，因此可以說現在的DMC擔當了一部分PCO的職責。

（二）展覽業市場參與機制

展覽業市場各主體的參與機制如圖1.4所示：

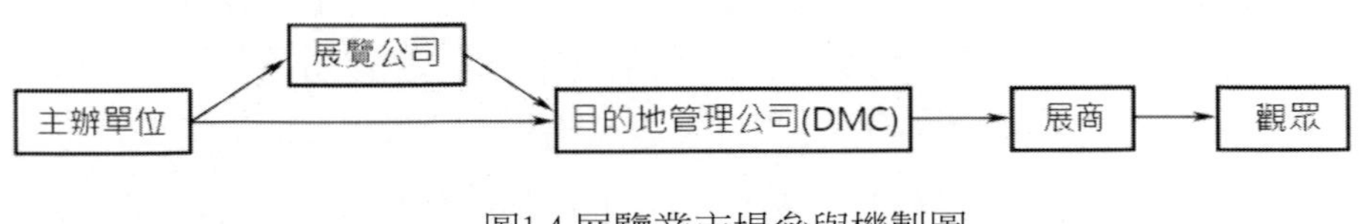

圖1.4 展覽業市場參與機製圖

主辦單位將展覽產品（創意、主題或品牌）出售給展覽公司，展覽公司組織展商（展覽的買家）購買產品，為了更好地吸引展商，還要幫助組織觀眾，這當中的接待工作交給DMC去完成。現在的DMC有時直接與主辦單位接觸，甚至自行辦展，銷售展覽產品，因此可以說現在的DMC擔當了一部分展覽公司的職責。

會展業包括的面較寬，一般認為，會議業和展覽業存在著一定的差異，表現在如下幾個方面：

（1）導向不同。展覽會是市場導向，而會議是設施條件導向。展覽會應該隨著市場去走，有了展覽的市場，才會有展覽會，展覽館就設在那裡去配合，而不是相反。而會議舉辦則不同，去一個城市辦會，要看這個城市有沒有好的會議展覽中心，住房夠不夠、租金多少，通訊設備怎麼樣等等。

（2）重複性程度不同。展覽會的重複性強，而會議的重複性很小。許多展覽會每一年都辦一次，一些大的展覽會兩年甚至四年辦一次。而那些大規模的國際性會議，每年安排在不同的洲，不同的國家，不同的城市，在同一個城市再次舉辦的重複性很小。比如APEC，2001年在上海，下一次再到上海來舉行，大概在若干年以後了。

（3）場地要求不同。展覽會要求場地面積較大，使用時間也較長，再加上進館、備館的申請，時間會更長。而會議的場地要求分散且時間比較短，進館的時間也不長。

（4）服務範圍不同。展覽會的一些服務如展台搭建、運輸等，由展覽承辦商負責，展覽區只提供基礎設施；會議則依賴場館提供全面服務，包括音響、通訊、資訊系統、場地布置等。另外，在餐飲服務方面，展覽會的要求比較簡單，一般僅提供基本的餐飲，而會議的餐飲服務則要求全面，通常要有午餐、早餐、晚宴，開會期間要有茶點。

（5）參與人數不同。展覽會參與人數較多，一般有上萬人，會議人數比展覽會要少得多，上千人的會議就是大規模的。

由於上述差異，會議業與展覽業的經營管理手法、市場運作機制也應該有所差異。

複習思考題

一、填空題

1.由於會展理論研究尚處在初級階段，國內外關於會展的定義也有很多表述，代表性的定義有一種，認為會展是______、

______、______、______的總稱。

2.會議類型很多，不同的劃分標準，就有不同的劃分結果，常見的劃分標準有以下五種類型：一是______；二是根據會議活動內容分；三是______；四是根據會議性質分；五是根據會議與會者來源分。

3.根據會議活動內容來分，分成______、渡假型會議、______、專業學術會議、政治性會議、______等。

4.根據會議與會者來源分有國際性會議，______、______、單位性會議。

5.展覽的分類從不同的角度劃分，類型也不一樣。從性質上分，展覽有______和______兩種。

二、選擇題

1.______會議是本行業、同類型行業及行業相關的公司在一起舉辦的會議。

A.政府會議　B.公司會議　C.協會會議　D.其他組織會議

2.______會議是根據有關法律法規規定必須舉行的具有法律效率的會議，以及特定組織的為履行法定職責而舉行的會議，如各級人代會、股東大會、協會的會員代表大會。

A.法定性會議　B.非法定性會議　C.正式會議　D.非正式會議

3.許多國際會議研究機構都對國際會議概念進行了規定，如ICCA就規定國際會議要符合以下三個條件，其中不屬於該條件的是______。

A.人數不少於50人　B.至少3個國家輪流舉辦

C.定期性會議　　D.與會外國人士不少於40%

4.會議展覽中心的軟體管理不包括______。

A.專業管理人才培養　　B.提高優質服務水平

C.有效控制設施的運作成本　　D.展館資源配置

5.CMM是______的簡稱。

A.會議專業證書　　B.會議管理證書

C.國際展覽管理協會　　D.會議專業組織機構

三、問答題

1.會展的定義是什麼？

2.會展的類型包括哪些？

3.會展業的發展條件有哪些？

4.會展業的參與機構有哪些？

5.會議業的市場參與機制是怎樣的？

6.展覽業的市場參與機制是怎樣的？

註釋：ICCA是International Congress and Convention Association的簡稱，總部設在阿姆斯特丹，成立於1963年，是世界上最具權威性的會議業協會組織，成員遍及歐、美、亞77個國家和地區。協會根據成員不同的業務範圍分為9類，包括會議旅遊及目的地管理公司（旅行社）、航空公司、專業會議組織者、會議觀光局、會議飯店、會展中心、會議設施的技術支持等。

第二章　會展管理的理論基礎

◆本章重點◆

透過本章的學習，掌握管理學的代表性理論和發展過程，瞭解會展管理思想和管理者應具備的基本觀念。

◆主要內容◆

●管理學的代表性理論

科學管理原理；組織管理理論；人群關係理論；需要層次理論；管理科學學派；決策理論學派

●會展宏觀管理思想

產業觀念；系統觀念；法規政策觀念；科技觀念

●會展微觀管理觀念

服務意識；商品意識；質量意識；規範觀念；品牌觀念；營銷觀念；效益觀念

由於會展業的發展歷史比較短，會展管理理論研究也相對滯後，因此系統嚴格的會展管理理論還沒有形成。但是關於會展管理的一些基本思想和理念已經形成。會展管理的基本理論是建立在管理學一般原理和會展業業務運轉自身規律這兩個基石之上的，也可以說會展管理的基本理論是管理學基本理論在會展業中的具體應用。

第一節　管理學的基本理論

管理學理論的系統建立是在19世紀末至20世紀初，至今已有100多年的歷史，我們粗略將其劃分成三個階段。

一、古典管理理論階段

這一階段的代表理論有兩個，一是泰勒的科學管理理論，一是法約爾的組織管理理論。下面分別加以介紹。

（一）泰勒的科學管理理論

鋼鐵是從高爐中冶煉出來的，要使爐火能熔化鐵礦石，就需要往爐膛不停地加煤。過去，爐前工給爐膛上煤，用鐵鍬手工操作鏟煤和送煤，是一種又緊張又累人的工作，爐前工幹不了多久就會累得精疲力竭，來不及給爐子上煤。能不能使爐前工的操作既省力、持久又能快一些呢？

美國密德瓦爾鋼鐵公司車間主任泰勒經過觀察思考，發現爐前工的工作效率並不與體力成正比，身體單薄的工人，幹起活來比那些粗手粗腳的壯漢有時要利索得多。他得出結論，工作效率主要與兩人的操作方式有很大關係。前者操作時動作幅度適當，軀體和手協調，鏟煤時鐵鍬角度也適中，送煤時動作較穩而且能利用慣性，這樣就節省了體力，提高了速度。而後者往往動作幅度過大，用力也不均勻，送煤動作不準確，有些動作是多餘的，所以多消耗了體力，影響了速度和持久能力。由此，泰勒將爐前工的整個操作分為鏟煤、送煤、回縮三個動作，規定了工人鏟煤時手握鍬柄的姿態、鏟煤時下鍬的角度、鏟煤的大致數量、送煤時用力的大小和手臂前進的幅度、回縮時軀體的姿勢和手臂的力量，以此作為標準來訓練工人，結果大大提高了爐前工的效率。

是不是任何工種的操作都可分解為一系列動作，而只要研究出每個動作的最佳方法，以此作為標準來培訓工人，就可以提高工作效率呢？按照這樣的想法，泰勒又進行了搬運鐵塊和金屬切削的試驗，制定出相應的標準操作方法，在工廠運用後又成功地提高了效率。

泰勒認為，任何操作都存在一種最佳的操作方法——標準操作，用這種操作方法來培訓工人，在工作中循「規」蹈「矩」可以提高工作效率。這種思想導致了管理科學的誕生，泰勒也被稱為「科學管理之父」。

泰勒（Frederick Winslow Taylor 1856～1915），美國人，1856年3月20日生於費城，22歲到密德瓦爾鋼鐵公司當學徒，先後做過車間管理員、技師、小組長、工長、維修工長、製圖部主任和總工程師。1893年獨立開業從事工廠管理諮詢工作。1911年出版代表作《科學管理原理》。泰勒對生產現場很熟悉，他認為單憑經驗管理的方法是不科學的，必須加以改變。於是開始了管理方面的革新活動。泰勒的理論主要有以下觀點：

（1）科學管理的根本目的是謀求最高工作效率。提高勞動生產率可以使工人得到較高的工資和資本家得到較多的利潤，從而達到共同富裕。

（2）達到最高工作效率的重要手段是用科學的管理方法代替舊的經驗管理。科學管理表現為生產實踐中的各種明確的規定、條例、標準等。

（3）實施科學管理的核心是管理人員和工人雙方在精神和思想上來一次徹底變革，從盈利的分配轉到增加盈利的數量上來。

根據以上觀點，泰勒提出以下管理制度：

（1）工作定額原理：對工人提出科學的操作方法，並對全體工人進行訓練，據此制定較高的工作定額。以便合理利用工時，提高工效。

（2）實行差別計件工資制：按照作業標準和時間定額，規定不同的工資率。

（3）標準化原理：除了對工人進行科學的選擇、培訓和提高外，還對工人使用的工具、機械、材料和作業環境加以標準化。

（4）工藝規程文件化：制定科學的工藝規程，並用文件形式固定下來以利推廣。

（5）計劃和執行職能相分離：泰勒把管理工作稱為計劃職能，把工人的勞動稱為執行職能，管理和勞動要相分離。

泰勒及其他同期先行者的理論和實踐構成了泰勒制。泰勒制重點解決的是用科學方法提高生產現場的生產效率問題。泰勒制衝破了百多年沿襲下來的傳統落後的經驗管理方法，創立了一套科學管理方法來代替經驗管理，這是管理理論上的進步，也為管理實踐開創了新局面；由於上述原因，生產效率提高2～3倍，推動了生產的發展；由於管理職能與執行職能的分離，企業中有一些人專門從事管理，這就使管理理論的創立和發展有了基礎。當然泰勒把工人看成是「會說話的機器」，是純粹的「經濟人」，忽視企業成員之間的交往及工人的感情、態度等社會因素對生產效率的影響，這是其侷限所在。泰勒主要是解決生產操作問題，對企業的供應、財務、銷售、人事等方面的活動基本沒有涉及。

（二）法約爾的組織管理理論

泰勒的科學管理開創了西方古典管理理論的先河。在泰勒主義被傳播之時，歐洲也出現了一批古典管理的代表人物及其理論，其中影響最大的首推法約爾及其一般管理理論。也可以說，泰勒在科學管理中的侷限性是由法國的亨利·法約爾加以補充的，這就是以研究組織結構和管理原則合理化，管理人員職責分工的合理化為中心的組織理論。

亨利·法約爾（Henri　Fayol，1841～1925），法國人，1860年從聖艾蒂安國立礦業學院畢業後，被任命為科芒特里礦井的工程師，歷任礦井經理、綜合經理、總經理。1888年，被任命為科芒特里—富香博採礦冶金公司總經理，1918年從總經理的位置上退休，但仍作為董事。泰勒的研究是從「車床前的工人」開始，重點內容是企業內部具體工作的效率。法約爾由於早期就參與企業的管理工作，並長期擔任企業高級領導職務，其研究則是從「辦公桌前的總經理」出發的，以企業整體作為研究對象。他認為，管理理論是「指有關管理的、得到普遍承認的理論，是經過普遍經驗檢驗並得到論證的一套有關原則、標準、方法、程序等內容的完整體系」；有關管理的理論和方法不僅適用於公私企業，也適用於機關和社會團體。這正是一般管理理論的基石。他對管理理論獨一無二的貢獻就在於把管理作為一種獨立的職能並加以分析，這為透過職能分析來研究高層管理的整個現代化方法演進鋪平了道路，退休後的7年他都用來傳播他的管理理論。

法約爾的著述很多，1916年出版的《工業管理和一般管理》是其最主要的代表作，標誌著一般管理理論的形成。其主要內容如下：

1.從企業經營活動中提煉出管理活動

法約爾區別了經營和管理，認為這是兩個不同的概念，管理包括在經營之中。他透過對企業全部活動的分析，將管理活動從經營職能中提煉出來。經營好一個企業要改善有關經營的六個方面的活動，即技術活動、商業活動、財務活動、安全活動、會計活動和管理活動。

技術活動：即設計製造。

商業活動：即進行採購、銷售和交換。

財務活動：即確定資金來源和使用計劃。

安全活動：即保證員工勞動安全和設備使用安全。

會計活動：即編制財產目錄、進行成本統計。

管理活動：包括計劃、組織、指揮、協調、控制。計劃是管理人員要盡可能準確預測企業未來的各種事態，確定企業的目標和完成目標的步驟；組織即確定執行工作任務和管理職能的機構；指揮即對下屬的活動給以指導，使企業的各項活動互相協調配合；協調是使企業各部門及各個員工的活動走向一個共同的目標；控制是確保實際工作與規定的計劃、標準相符合。

法約爾還分析了企業中處於不同管理層次上的管理者，提出了對其各種能力的相對要求，隨著企業由小到大、職位由低到高，管理能力在管理者必要能力中的相對重要性不斷增加，而其他諸如技術、商業、財務、安全、會計等能力的重要性則會相對下降。

2.倡導管理教育

法約爾認為管理能力可以透過教育來獲得，「缺少管理教育」是由於「沒有管理理論」，每一個管理者都按照他自己的方法、原則和個人的經驗行事，但是誰也不曾設法使那些被人們接受的規則和經驗變成普遍的管理理論。

3.提出五大管理職能

法約爾將管理活動分為計劃、組織、指揮、協調和控制等五大管理職能，並進行了相應的分析和探討。

管理的五大職能並不是企業管理者個人的責任，它同企業經營的其他五大活動一樣，是一種分配於領導人與整個組織成員之間的工作。

4.提出十四項管理原則

法約爾提出了一般管理的十四項原則：勞動分工；權力與責任；紀律；統一指揮；統一領導；個人利益服從整體利益；人員報酬；集中；等級制度；秩序；公平；人員穩定；首創精神；團隊精神。

法約爾的一般管理理論是西方古典管理思想的重要代表，後來成為管理過程學派的理論基礎（該學派將法約爾尊奉為開山祖師），以及以後各種管理理論和管理實踐的重要依據，對管理理論的發展和企業管理的發展歷程均有著深刻的影響。管理之所以能夠走進大學講堂，全賴於法約爾的卓越貢獻。一般管理思想的系統性和理論性強，對管理五大職能的分析為管理科學提供了一套科學的理論構架。這些來源於長期實踐經驗的管理原則給實際管理人員巨大的幫助，其中某些原則甚至以「公理」的形式為人們接受和使用。因此，繼泰勒的科學管理之後，一般管理理論被譽為管理史上的第二座豐碑。

二、行為科學理論階段

行為科學是一門研究人類行為規律的科學，管理學家試圖透過對工人在生產中的行為及這些行為產生的原因，進行分析研究，以便掌握人們行為的規律，找出對待工人的新手法和提高工作效率的新途徑。其發展是從人際關係開始的。

（一）人際關係論

喬治·梅奧（George Elton Mayo，1880～1949），美籍澳大利亞人，邏輯和哲學碩士，1919年任昆士蘭大學教授，1922年移居美國，1927～1932年參加「霍桑實驗」。實驗表明，生產效率不僅受物理、生理的因素影響，而且受社會環境和社會心理的影響。霍桑實驗的啟發是關於「社會人」的假說。

傳統的管理理論一直認為，工人是天生懶惰的，幹活只是為掙錢。因此必須加強對工人的監督，同時用報酬來誘使工人多幹活，幹好活。1924年美國管理學家、社會學家在西方電器公司霍桑工廠所做的實驗打破了這種結論，使管理理論有了更新。霍桑實驗中最出名的有照明實驗和福利實驗兩個。

霍桑廠生產電話交換機，因此繞線圈班組的進度對全廠產量影響很大，長期以來班組產量供不應求，跟不上發展需要。在進行實驗時，將這個班組分為實驗組和對照組。實驗組不斷改變照明條件，對照組不改變任何條件。原來設想，由於實驗組改善了勞動條件會增加產量，將比對照組產量高。結果大出所料，兩組的產量都在增加。

霍桑廠還在裝配繼電器的班組進行了實驗。在實驗中，讓其中6名女工在單獨的房間內工作，免費給她們提供茶點，縮短工作時間，工人們幹勁很足，產量果然得到了提高。設想認為：一旦取消這些福利措施，產量肯定會降低。但結果是，取消這些措施後2個月，產量仍繼續上升。

為什麼會有上面兩種實驗結果呢？管理學家經過調查研究，摸清了其中的奧祕。在第一個實驗中，兩個組的工人認為被挑選參加實驗是工廠對他們的重視，同時實驗過程中管理人員與工人、工人與工人之間關係密切了，配合得更好了。這表明，人際關係比照明條件更重要。在第二個實驗中，由於管理人員與工人經常性的接觸，也形成了融洽的人際關係，工人認為受到了尊重和關心，就拚命給工廠幹活。這表明人際關係比福利措施更為重要。

這兩個結論是與傳統管理理論相矛盾的，表明傳統管理理論是過於簡單了。1933年，主持霍桑實驗的梅奧教授出版了《工業文明中的問題》一書，提出了新的管理理論——「社會人假說」。主要觀點如下：

（1）企業的職工是社會人，是複雜的社會系統的成員。

（2）必須從社會心理方面來鼓勵工人。滿足工人的社會慾望，提高工人士氣，是提高生產效率的關鍵。

（3）企業中實際存在著一種「非正式組織」。它是企業成員在共同工作過程中，由於抱有共同的社會感情而形成的非正式團體。

（4）企業應採用新型領導方法，應透過對工人滿足度（需要得到滿足的程度）的提高而激勵職工的士氣，從而達到提高生產率的目的。

（二）需要層次論（人類動機理論）

梅奧的人際關係理論為管理學引入了以人為本的思想。在這一理論基礎之上的進一步發展，形成了管理學當中的行為科學學派。梅奧奠定行為科學基礎之後，西方從事這方面研究的人大量出現，他們主要從心理學、社會學、生理學等方面來研究人的行為和動機，把人看成是「社會人」，試圖建立各種激勵理論，來最大限度地發揮人的積極性，以提高勞動生產率。

行為科學認為，需要是一切行為的起始點，需要是激動動機的主要因素，動機透過一定的行為指向目標。關於需要的理論很多，其中影響最大、最廣的是美國人亞伯拉罕·馬斯洛（Abraham H·Maslow，1908～1970）的需要層次理論。

馬斯洛是美國行為學科學家。他於1934年在美國威斯康星大學獲心理學博士學位，並在該校任教5年，然後遷往紐約，在哥倫比亞大學和布魯克林學院任教；1951年任布蘭代斯大學心理系教授兼系主任。馬斯洛一生著述頗多，其中最著名的是1943年發表的《人類動機理論》。在這部著作中，馬斯洛提出了著名的人類基本需要等級論，即需要層次理論（Hierarchy of Needs Theory）。

馬斯洛將需要分成五級：生理需要，安全需要，社交需要，尊重需要，自我實現需要。這幾種需要的重要程度的層次結構如圖2.1所示。

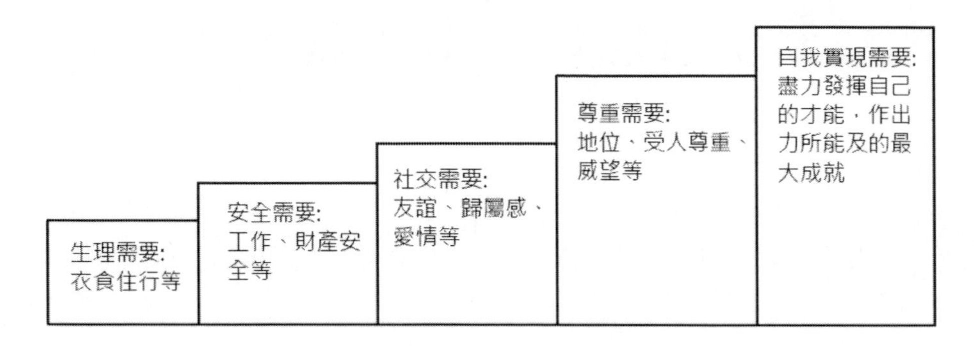

圖2.1 需要層次圖

（1）生理需要。包括人體生理上的主要需要。人活在世上，餓了必須要吃，渴了必須要飲，困了必須要睡。人的吃飯、飲水、睡眠等本能的滿足，是最起碼的需要。

（2）安全需要。人吃飽喝足睡夠以後，就想方設法使他的食物源源不斷，在生活中就想有穩定的收入，身體保持健康，財產不受侵害，這些需要被稱為安全需要。

（3）社交需要。人得到了安全保障，就想參加一定的社會活動，加入一定的團體，在團體中與夥伴們友好相處，得到別人的友情和喜歡，這些需要被稱為社交需要，包括友誼、愛情、歸屬感等方面的需要。

（4）尊重需要。人在參加了社會活動並獲得同伴的友情後，總想勝任一定的工作，有一定的獨立性，同時在同伴中有權威，受到同伴的尊敬和信賴，這些需要是尊重需要，比社交需要更高一層。

（5）自我實現需要。人還總是想實現自己的理想抱負，使自己的才能得到最充分的發揮，這樣才會心滿意足，這是最高層次的需要，馬斯洛稱它為自我實現。

因此馬斯洛的基本論點有兩個：第一，人是有需要的動物，沒有需要就沒有動力，需要滿足了也就不再成為一種激勵力量。第二，人的需要是分成不同層次的，並由低級向高級發展，在一定階段，優勢需要起支配作用。

三、管理理論叢林階段

「叢林」這一名稱來源於美國管理學者孔茨的「管理分析的模式：管理理論的叢林」。這一時期的學派主要有：社會系統學派、決策理論學派、系統管理學派、經驗主義學派、權變理論學派、管理科學學派、組織行為學派、社會技術系統學派、經理角色學派、經營管理理論學派等。我們主要介紹有代表性的兩個學派。

（一）管理科學學派

管理科學學派的代表人物是美國的伯法（E.S.Buffa），其代表作有《生產管理基礎》。該學派認為：管理就是用數學模式和程序來表示計劃、組織、控制、決策等合乎邏輯的程序，求出最優解答，以達到企業目標。管理科學就是制定管理決策的數學模式和程序的系統，並透過電腦應用於企業，而較少考慮人的行為因素。這一學派的思想體系與泰勒的科學管理原理是一脈相承的，但不是簡單的延續。

（二）決策理論學派

該學派是從社會系統學派中發展出來的，是以統計學和行為科學作為基礎的，代表人物是美國卡內基梅隆大學教授赫伯特·西蒙（Herbert A.Simon），主要觀點有：

（1）管理就是決策。組織是由決策者個人所組成的系統。

（2）決策分為程序性決策和非程序性決策。所謂程序性決策是指常見的、定型的、重複的、例行的、較為穩定的決策，非程序性決策是指不常見的、不重複的、不穩定出現的決策。不同層次的管理者所要處理的主要決策類型是不一樣的，優秀的管理者要善於將非程序性決策轉化為程序性決策。（圖2.2）

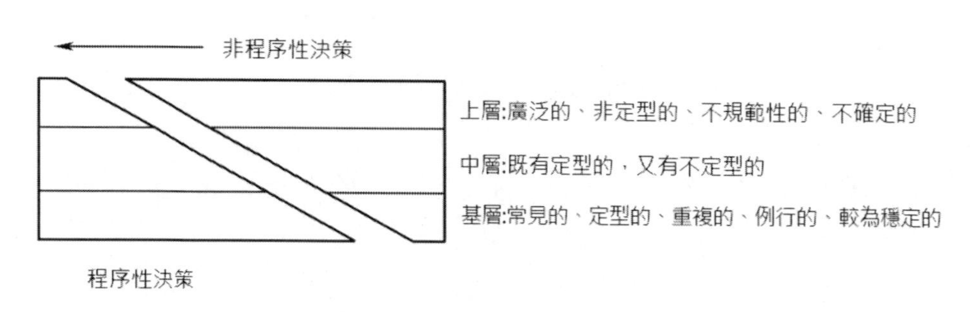

圖2.2 決策類型與組織層次關係

第二節　會展管理觀念

會展管理的自身理論體系還處在形成當中，但是以管理學為基礎的會展管理思想已經在實踐中得到了一定的體現。

會展管理思想由於會展產業發展歷史較短，還有許多不夠成熟的地方，加之會展行業涉及面廣，部門眾多，層次複雜，因此系統研究會展管理思想還是有一定困難的。我們僅從會展宏觀管理和微觀管理兩個層面來談談會展管理者應該具備的一些觀念。

一、會展宏觀管理觀念

會展宏觀管理觀念是一個區域的政府或行業會展管理者所應該

具備的觀念。按照會展業的現狀和未來發展要求，作為會展宏觀管理者必須樹立以下認識：

（一）產業觀念

對於會展業是否是一項產業，一直存在著不同的看法，有人認為「是一項文化活動」，有人認為「是貿易活動」，其實這些認識都有偏頗之處。會展是一項帶有文化性質的經濟產業，是第三產業的特殊行業，與第三產業中的其他行業相比，具有為經濟社會發展提供服務這個共同特徵，但也有許多不同的功能和特點。

1.會展業是市場需求日益旺盛的產業

國際研究資料表明：在當代世界，會展業發展非常迅速。世界經濟和社會是在不斷發展進步的，人們生活水平越高，會展需求就越旺盛，會展業就越發達。正因為如此，會展產業才被認為是「朝陽產業」。

2.會展業是資源綜合利用水平最高的產業

與工礦業相比，會展業沒有原料消耗，資源可以持續利用，在環境保護與開發的關係上，會展業是衝突最少、目標最為接近的產業。所以在會展資源中，沒有「貧礦」和「富礦」，而是強調利用的角度和綜合性。

3.會展業是關聯功能很強的產業

據有關資料顯示，會展部門每直接收入1元，相關行業的收入就能增加6元，會展部門每增加1000平方公尺展館，就會創造出近100個就業機會。所以世界上知名的國際大都市也都是會展業發達的城市。

（二）系統觀念

系統是由若干相互聯繫、相互作用的部分組成的，在一定環境中具有特定功能的有機整體。它具有集合性、層次性、相關性等特點。會展業是一個有機組合的系統，按照系統理論提示的原理，在展覽中僅僅重視各個單元、各個要素的作用是不夠的，應該把重點放在整體效應上，放在策劃對象的系統上。

會展環境系統由自然環境、國際環境、政治環境、產業環境、企業環境、商品環境等子系統組成。在確定一個會展項目之前，必須研究大市場環境和小市場環境。研究大市場是指調查研究世界和中國經濟貿易動向、走勢、需求情況以及技術發展等情況，尤其要研究、領略中國經濟發展方向、產業政策，瞭解五年計劃、長期規劃、地區計劃及行業計劃等這些大範圍的市場情況，這樣才能提出具有高水平的、針對性的展覽會項目。研究小市場是指調查研究那些與展覽會相關的廠商數量、招展情況、貿易活動範圍、貿易流向、潛在參展者多少及供求關係等。透過市場調查研究，分析展覽環境，作出擬辦的展覽會是否可辦，是否具有好的市場前景，能否做到可持續發展的評估。

現代會展是由若干相互聯繫的要素有機構成的一個系統，在這個系統中存在著五大基本要素：

（1）會展的主體（服務對象），即參展廠商（客戶）；

（2）會展的經營部門（機構），即專業展覽公司（展覽組織者、主辦單位）；

（3）會展的客體（媒體），即展示場所（展廳、展場）；

（4）會展市場，即訊息（傳播）；

（5）觀眾，即最終用戶（消費者）。

會展系統的基本功能有兩方面，一是聯繫和溝通的功能，即在生產者和消費者之間完成聯繫和溝通的功能；二是加速流通的功能，即在生產再生產過程中起加速流通的作用。會展在現實生活中的作用遠不止其基本功能，還有許多輔助功能，如：①傳播訊息，溝通產銷；②集中市場，指導消費；③降低成本，增加利潤；④促進（國際）貿易交往與技術交流。

因此，會展系統觀要求，會展系統要素之間的相互關係及要素與系統之間的關係，以整體為主進行協調，局部服從整體，地方服從全國，使整體效果最優。會展產業要注重會展整體形象塑造。整體形象就是要把會展行業看成一個整體系統，牽一髮而動全身。

會展系統是運動著的有機體，其穩定是相對的，而運動狀態則是絕對的。會展系統的運動是有規律可循的，因此，要勇於探索和預測會展系統的發展規律，樹立起超前觀念，減少偏差，掌握主動，使系統向期望的目標發展。

會展系統是一個對外開放的系統，不是孤立存在的，它要與周圍環境發生各種聯繫，會展產業必須有投入和產出，必須和外部環境不斷進行交流，才能生存和發展；會展系統要在能夠適應環境的同時，也要能夠改善環境，因此要求會展產業本身發揮自己的主觀能動性，不斷進行創意性的戰略籌劃和戰術策劃，協調系統內、外關係，使系統功能最優化。

（三）法治觀念

法律具有高度的權威性、明顯的強制性、相對的穩定性和確切的規範性等特點，運用會展法律可以調整以下會展經濟關係。

1.調整會展者和會展業之間的經濟關係

會展者支付會展費用，成為會展服務權利的享用者；會展業因此得到一定的會展收入，成為會展服務的義務承擔者，這種權利和義務、服務與被服務的關係是透過買與賣實現的，這種經濟形式應當符合會展經濟立法的規定，透過會展經濟合約的形式表現出來，以受經濟司法的保護。

2.調整會展業與有關行業的經濟關係

會展業是一個綜合性的經濟產業，在會展業同有關行業的經濟交往活動中，不論部門大小，其法律地位都是平等的，應當按照等價有償的原則，體現各方的利益和要求，任何一方不得把自己的利益強加給另一方。可見，透過會展立法，可以從發展國家會展事業的全局利益出發，使會展業與有關行業能夠各司其職，緊密配合，為共同發展會展事業作出貢獻。

3.調整會展業內部各地區、各企事業單位的經濟關係

會展業內部各地區、各企事業單位要實現專業化協作，為滿足會展者的會、展、食、住、行、遊、購、娛等各方面需要，要把各種服務活動形成一個整體。但各地區的會展企事業單位又都在獨立經營的基礎上實行獨立核算，用價值形式體現經營活動的成果，並實現盈利和依法納稅。因此透過會展經濟立法，可以把會展業內部各地區、各會展企事業單位在專業化協作中應該享有的權利和義務用法律的形式固定下來，依法協作，依法解決各種經濟糾紛。

4.調整本國會展企業和外國會展企業的經濟關係

發展國際會展、出國會展都要涉及本國會展企業和外國會展企業的經濟交往，透過會展立法，本國會展企業和外國會展企業才能進行經濟洽談，才能在平等互利的基礎上開展國際會展活動。也只有這樣，在國際會展的交往中，才能有效地維護會展經濟秩序，保護會展企業的合法利益，促進國際會展經濟的發展。

5.調整國家與會展企事業單位的經濟關係

國家為了發展會展業，不僅要制定方針政策、規章制度，而且還要為興建會展設施、培養會展人才進行資金投入；會展企事業單位也要透過自己的業務經營管理活動，依法納稅，會展立法可以把國家、集體、個人利益兼顧起來，把中央、地方、部門、企業和個

體勞動者發展會展的積極性調動起來。

（四）科技觀念

科學技術是實現會展業現代化的關鍵，它起以下幾個方面的作用：

1.促進會展業的現代化

現代建築業、交通運輸業和電子工業等方面的科學技術新工藝、尖端技術和科技成果，往往被首先運用到會展場館開發、會展飯店建設、會展交通興建、會展管理和服務上來。特別是電腦的廣泛應用、高級建築材料的應用，極大地加速了會展業的現代化步伐。

2.提高會展業的管理水平

就一個會展企業來說，應用現代科技手段，可以隨時掌握經營情況，及時作出決策；就整個行業來說，要作出正確的決策，如，會展長期發展的戰略設想，會展資源開發、利用和保護，會展交通運輸的興建等，都必須考慮科學技術的因素。

3.方便客人

電腦在會展業應用後，可使會展企業的預訂、結帳、統計等工作自動化。網路技術應用後，客人可以在世界任何一個地方利用電腦享受到一系列的會展服務。

會展行業要加強對會展科技的認識，做好會展科技的組織管理、規劃、科學研究、成果轉化和科技隊伍建設等問題。

以上幾個方面都是從長期發展、戰略部署的角度探討作為宏觀管理者應具備的思想，這些方面不是截然分開的，我們認為，應該堅持以科技為手段（科技觀念），以法律為工具（法治觀念），從而形成可持續發展的會展產業體系（產業觀念、系統觀念）。

二、會展微觀管理觀念

會展微觀管理觀念主要指會展企業管理者應該具備的觀念，這些會展企業包括會議公司、展覽公司、搭建公司、場館公司等。管理思想對微觀經營具有很重要的作用，是會展管理中至關重要的戰術層面因素。會展管理者一般要牢固樹立以下諸種觀念：

（一）服務意識

會展企業從根本上來說，只銷售一樣東西，這就是服務。提供低劣服務的會展企業是失敗的會展企業。會展企業的目標應是向客人提供最佳服務，根本的經營宗旨應是使客人得到服務。我們認為，上述觀點推及到整個會展企業也是很有價值的。要想提供優質服務，必須具備良好的服務意識。服務意識的內涵應該包括以下四個方面：

（1）預測並提前或及時到位地解決客人遇到的問題；

（2）發生情況按規範化的程序解決；

（3）遇到特殊情況提供專門服務、超常服務以解決客人特殊要求；

（4）不發生不應該發生的事情。

服務意識應是一種工作習慣，它體現在工作的每一個細節中，如禮節禮貌、儀容儀表、言談舉止、眼神笑容、工作環境、工作程序、工作規範、服務內容等。而「優質服務」應包括以下幾層含義：

（1）真誠（Sincere）：誠心誠意替客人著想。

（2）效率（Efficient）：在規定的時間裡完成一定的服務內容。

（3）準備（Ready）：隨時準備進行服務。

（4）可見（Visible）：做好可見服務。

（5）全員銷售（Informative）：樹立全員（訊息）銷售意識。

（6）禮節（Courteous）：提供禮節禮貌的服務。

做到以上六個方面，就是優良的（Excellent）服務，這七個詞彙的首個字母正好拼成英文「服務」（SERVICE）一詞。

服務意識在管理實踐中，還有另外一層含義就是，員工為賓客服務的同時，管理人員為員工提供服務。不能認為「管理人員」就是「官」，管理也是一種「服務」。

（二）產品觀念

會展企業提供的是一種商品，具備一般商品的特徵，但它又是一特殊商品，其特殊性在於這一商品的無形性。會展企業提供服務後，雖然客人並沒有帶走什麼東西，但並不等於說沒有得到一個商品，只是客人把商品就地消費了。這就是會展企業服務產品的生產、交換、消費的時空一致性。我們在會展企業管理中需要牢固樹立商品的觀念。

關於會展是一個什麼樣的產品，我們認為可以這樣來理解：會展產品是一個服務產品，這一產品具有三個層次，即物質層次、技術層次和精神層次。物質層次即會展的硬體部分，如會展場館及其設施等；技術層次即會展服務的工作程序和操作技能；而精神層次是指客人得到的享受，是由客人來評判的，即客人透過會展而得到的滿意和愉悅。因此，會展服務產品相對於其他實物產品而言具有一些自身的特性：

（1）無形性。會展服務不是實物形態的產品。但卻是「看得見摸不著」的經驗性服務，如，服務中的微笑與敬語，程序配套的正規化服務，特殊情況下的適應性服務等。

（2）不穩定性。會展服務受到人的素質、性格、技能熟練程度、心情等因素影響，產品質量自然不穩定。

（3）無專利性。會展企業的管理方法和優質的服務方式都是可以仿效的。

（4）不可儲存性。會展服務產品不可能事先生產，更不能儲存，等消費者來購買。

（5）產銷同步性。會展服務活動需要生產者和消費者來共同完成。

這些特點在實際工作中要注意把握，並且隨著社會的發展，市場經濟體制的成熟，賣方市場轉入買方市場，競爭加劇，服務產品質量的競爭越來越重要。

（三）質量意識

質量是企業的生命，會展企業要推行全面質量管理。全面質量管理的基本含義是：會展企業全體員工和各個部門同心協力，綜合應用現代管理手段和方法，建立完整的質量體系，透過全過程的優質服務，全面地滿足賓客要求的活動。全面質量管理要樹立以下認識：

質量的含義是全面的，總經理要從結果控制走向要素控制，也就是說要保證服務質量的各因素是合格的。改變傳統的事後檢查，把質量管理的重點放在「預防為主」上。

服務質量的範圍是全面的，包括前台與後台，管理與經營，銷售與售後。因此，要本著預防為主，不斷改進的思想和為客戶服務的思想進行管理。

服務質量管理的人員是全員性的，服務質量的優劣涉及各個部門、各個環節，涉及全體員工，要牢固樹立「質量第一」的思想，人人關心服務質量，人人參與服務質量。

全面質量管理中，服務質量管理的方法是全面多樣的，如，目標管理法、統計方法、PDCA工作法、QC小組等。

全面質量管理最終要講究企業的效益，也就是我們經常掛在嘴邊的一句話，「以質量促效益」。

（四）規範觀念

規範化即標準化，因此我們首先應對標準和標準化有一個正確的認識。

1982年，國際標準化組織（ISO）對標準作了如下定義：「為了取得國民經濟的最佳效果，依據科學技術和實踐經驗的綜合成果，在充分協商的基礎上，對經濟技術活動中具有多樣性、象徵性特徵的重複事物，以特定程序和特定形式頒發的統一規定。」

國際標準化組織（ISO）成立於1947年，是一個非政府性科技國際組織，是世界最大的國際標準制定和修訂機構，也是聯合國工業發展組織的甲級諮詢機構。它有200多個專業技術委員會（TC），與質量管理密切相關的是質量管理和質量保證標準化技術委員會（TC176）。TC176於1987年發布了ISO 9000-9004《質量管理和質量保證標準》（簡稱ISO 9000）。

ISO 9000最早應用於製造業，而後進入服務業，石化、電子、紡織、農業、房地產、醫療、教育等很多行業都先後採用了這一標準進行規範管理。

標準化對規範服務行業行為，提高服務質量，走質量效益型道路造成積極推動作用。企業沒有國際標準，就進不了國際市場，甚至被擠出世界貿易圈之外而無法生存。透過質量管理體系認證，可給企業帶來市場競爭優勢：顧客流失率少，回頭客增多，銷售成本降低；企業的品牌忠誠度提高，對外宣傳成本降低；產品和服務提供能夠在顧客需要和需求產生之前預先定位，減少因錯誤決策而產生的人力物力損失，長期收益將高於競爭對手；有更多的措施來預防新技術發展和顧客需求的轉變帶來的經營風險，而且一旦出現差錯，重新獲得失去的顧客和市場的機會的機率也多一些；同時，可保持價格優勢和行業中較高的銷售利潤率。

（五）品牌觀念

首先，對品牌，尤其是名牌，我們要有正確的認識，目前有些國內的會展企業對此沒有足夠的認識。其實其他行業對此已經有了足夠的認識。

（1）創名牌是企業開拓市場的立足點和根基。我們有些企業，如海爾集團的營銷口號：「創牌比創匯重要」。

（2）名牌效應能給企業帶來無窮的機遇和利益。這些效應包括：擴散效應、積累效應、放大效應、持續效應和刺激效應。

（3）消費者越來越注重名牌消費。

從國外會展業的發展來看，其快速發展大多是採取了品牌化經營的發展模式，即透過一定品牌的連鎖經營來逐步擴大市場份額，其中比較典型的就是國際上著名的三大會展公司（即漢諾威國際展覽公司、慕尼黑展覽有限公司、杜塞爾多夫展覽有限公司），它們充分利用自己的品牌效應，透過在全球各地組織各種不同主題的展會以及與各地的會展企業聯合經營等手段來實現快速擴張。

所以，創立會展企業的品牌和名牌是當務之急。值得注意的是，培養一個品牌展覽會並不容易，展覽企業必須確立長遠的品牌發展戰略，從短期的價格競爭轉向謀取附加值、謀取無形資產的長期競爭，用先進的品牌營銷策略與品牌管理技術搶占展覽市場的制高點。品牌戰略的成功關鍵是貴在堅持。競爭策略大師邁克爾·波特認為，只有在較長時間內堅持一種戰略，而不輕易發生游離的企業才能贏得最終的勝利！

（六）營銷觀念

現代營銷觀念認為，企業實現組織諸目標的關鍵在於正確確定目標市場，即客源市場的需要和慾望，並且比競爭對手更有效地、更有利地提供客源市場所期望滿足的產品和服務。也就是說，營銷觀念就是客人需要什麼樣的產品，企業就提供這些產品的一種「以銷定產」的觀念。

營銷觀念的形成是以賣方市場轉為買方市場為背景的，在今天會展企業競爭日趨激烈的大環境下，「以客人為中心」的營銷觀念對現代會展企業的經營者是大有裨益的。

營銷觀念是對傳統推銷觀念的挑戰而出現的一種企業經營哲學。「推銷觀念」和「營銷觀念」在企業考慮的重點、運用的方法、經營的目的上都有很大區別。推銷觀念以企業自身產品為出發點，注重推銷方法和促銷技巧，以透過銷售企業獲得利潤為目的；而營銷觀念以顧客需要為出發點，注重整體營銷活動，以透過客人的滿意獲得利潤為目的。

營銷活動涉及多種活動，如，為了瞭解市場及客戶而展開的調研活動；為了提供合適的產品、合理的價格和適宜的銷售渠道及創造性的宣傳促銷而進行的設計和策劃活動；為了讓市場客人瞭解和購買適銷對路的產品而展開的宣傳促銷工作；根據客戶的消費情況，收集分析訊息反饋，瞭解新老客戶新的需要和要求，以便進行有效的再投資。

會展的營銷策略主要集中在如何有效拓展營銷的訊息渠道，利用現代化的交流溝通工具為展覽會服務，並在有效控制成本的基礎上，實施銷售計劃，以達到吸引參展商，組織觀眾的目的。

（七）效益觀念

會展企業是一個經濟組織，經營活動的目的就是為了取得經營效益。經營效益應體現在經濟、社會和生態三個方面。經濟效益是社會效益、生態效益的基礎，而講求社會效益、生態效益又是促進經濟效益提高的重要條件，管理者必須將三者有機結合起來。效益是經營管理的永恆主題，追求效益要自覺運用客觀規律。例如，學會運用價值規律，隨時掌握市場情況，制定靈活的經營方針，靈敏地適應複雜多變的競爭環境，滿足社會需求、市場需求、顧客需求。只有這樣，才能獲得更好的效益。

總之，在會展微觀的管理過程中，會展服務產品（服務意識、產品意識）要講求質量、標準和品牌（質量意識、規範觀念、品牌觀念），特別是要站在客人的立場上來設計產品（營銷觀念），從而獲得會展企業的效益（效益觀念）。

複習思考題

一、填空題

1.管理學理論的系統建立是在19世紀末至20世紀初，至今已有100多年的歷史，我們粗略將其劃分成______、______、______三個階段。

2.梅奧的______理論為管理學引入了以人為本的思想。在這一理論基礎之上的進一步發展，形成了管理學當中的行為科學學派。

3.馬斯洛將需要分成五級：______，安全需要，______，尊重需要，自我實現需要。

4.______成立於1947年，是一個非政府性科技國際組織，是世界最大的國際標準制定和修訂機構，也是聯合國工業發展組織的甲級諮詢機構。

5.______學派是從社會系統學派中發展出來的，是以統計學和行為科學作為基礎的，代表人物是美國卡內基梅隆大學教授赫伯特·西蒙（Herbert A.Simon）。

二、選擇題

1.法約爾的著述很多，1916年出版的《工業管理和一般管理》是其最主要的代表作，標誌著一般管理理論的形成。其內容不包括______。

A.倡導管理教育　B.提出五大管理職能

C.提出十四項管理原則　D.提出人際關係論

2.管理科學學派的代表人物是______。

A.伯法（E.S.Buffa）　B.赫伯特·西蒙

C.法約爾　D.馬斯洛

3.現代會展是由若干相互聯繫的要素有機構成的一個系統，在這個系統中存在著五大基本要素，其中不包括______。

A.參展廠商　B.展示場所　C.消費者　D.政府

4.會展服務產品相對於其他實物產品而言具有一些自身的特性，下列不屬於其特點的是______。

A.無形性　B.穩定性　C.無專利性　D.不可儲存性

5.下列不屬於會展微觀管理觀念的是______。

A.商品意識　B.系統觀念　C.品牌觀念　D.營銷觀念

三、問答題

1.科學管理理論的實質和主要內容是什麼？

2.怎樣理解法約爾關於經營和管理的概念及其管理原則？

3.人際關係學說的主要內容是什麼？

4.行為科學研究的主要內容是什麼？

5.怎樣理解管理科學學派的主要觀點？

6.怎樣理解決策理論學派的主要觀點？

7.簡述會展宏觀管理思想的內涵。

8.簡述會展微觀管理思想的內涵。

第三章　會前管理

◆本章重點◆

透過本章的學習，掌握會議前期管理的主要操作流程，掌握會議策劃、會議選址、會議預算等主要內容。

◆主要內容◆

●會議策劃

會議策劃委員會；會議選址；會議市場調查；策劃方案

●會議預算制定

預算步驟；預算內容

會議有規模大小和時間長短之分。類型、性質也可以有所差別，但是會議流程確有相通之處，一般的會議流程分成三個階段：會前準備階段、會議實施階段和評估總結階段。

會前準備即對會議的事前計劃，它可被看成是一種為了達到會議目標而對各種工作任務所作出的系統安排。為了確保會議成功，會前準備應包括許多不同的參與者，如客戶公司、會議管理者和各類供應商，其中會議管理者的會前計劃是非常重要的，會前計劃一般要解決這樣幾個問題：總體策劃、會議選址、有效營銷方案和項目預算，當然在解決每一個問題的時候還要明確：有哪些需求需要滿足？由誰做？何時做？

第一節　會議策劃

一、策劃委員會

大多數會議都需要一個策劃委員會，策劃委員會是一個對會議負有某些責任的團隊，通常由組辦會議的組織的內部成員構成。對於小型會議，承辦者可以與一個策劃委員會一起合作。策劃委員會的工作包括以下一些內容：

（1）制定目標。策劃委員會要有一個具體的目標並且要書面落實；要明確策劃委員會與承辦者之間的關係；明確策劃委員會應向誰負責；明確策劃委員會何時結束使命。

（2）確定人選。即確定策劃委員會的成員的來源，是內部選取還是外部指派？是否自願？

（3）運作程序。策劃委員會要有預算；策劃委員會成員要對會場進行實地考察；策劃委員會成員要定期聚會；策劃委員會要負責設計評估；策劃委員會的工作過程要記錄下來以備將來會議參考。

二、會議市場調查

市場調查，是運用科學方法，有目的地系統收集、記錄、整理和分析市場訊息資料，從而認識市場發展變化的現狀和趨勢，為市場預測、經營決策提供科學依據。這一定義包含了以下幾層意思：其一，市場調查是一種有目的、有意識的認識市場的活動。任何一項市場調查，都不是盲目進行的，而是圍繞企業經營活動中存在的問題而展開的，有明確的目的性。其二，市場調查的具體對象是市場體系，即市場主體（家庭個人、政府、企業）、市場客體（消費品和生產要素）、市場媒體（貨幣、價格、訊息）等。其中市場調查的重點對象是消費者市場。其三，市場調查需要借助一套科學方法，其中包括觀察調查法、詢問調查法、問卷設計、實驗設計，也包括抽樣調查的技術等。其四，市場調查是為企業的市場預測和經營決策服務的。市場調查是一種認識市場的手段，它本身不是目的，它最終是為企業的經營決策服務的。其五，市場調查的任務是收集、記錄市場訊息。市場調查與市場訊息有著極為密切的關係。市場訊息直接構成市場調查的內容，市場調查是圍繞著獲取某一方面的市場訊息而展開的。

會議市場的可行性分析包括市場環境分析和目標市場需求分析。會議市場調查要圍繞這二者進行。

（一）市場環境分析

經營活動都是生存在一定的市場環境中的，市場環境分析是會議項目可行性分析的第一步，它是根據會議項目策劃提出的會議舉辦方案，在已經掌握的各種訊息的基礎上，進一步分析和論證舉辦會議的各種市場條件是否具備，是否有舉辦會議所需要的各種政策和社會基礎。市場環境分析不僅要研究各種現有的市場條件，還要對其未來的變化和發展趨勢作出預測，使項目可行性分析得出的結論更加科學。

1.宏觀市場環境

宏觀市場環境是指能對會議舉辦產生影響的各種因素，這些因素可能會給會議組織機構舉辦會議帶來市場機會，也可能會給其造成市場威脅。會議組織機構在策劃一個會議的時候，必須對它加以密切關注，並及時做出適當的反應，以便有效地識別和抓住市場機會，避開和減少市場威脅。

宏觀市場環境所包含的因素都是會議組織機構本身以外的市場因素，並且基本上都是企業自身不可控制的因素，包括經濟環境、技術環境、政治法律環境、社會文化環境等。

（1）經濟環境：是指那些能對舉辦會議和參加會議產生影響的各種經濟因素，如社會經濟發展水平，市場規模的大小，產業結構的狀況，會議所在地的住宿、餐飲、旅遊、交通等配套設施的完整程度等。這些因素從側面影響著舉辦會議和參加會議的意願。

（2）技術環境：科學技術的發展會對行業的經營活動和經營方式產生重大影響，一方面，它可以為行業提供有利的發展機會；另一方面，它也可以給行業生存和發展帶來一些威脅。另外，在塑造會議服務的外部環境方面，科學技術的發展也發揮巨大作用。如互聯網的出現就極大地改變了會議的舉辦思路和競爭模式。

（3）政治法律環境：由那些具有強制性和對舉辦會議產生影響的法律、政府部門和其他壓力集團所構成。比如，舉辦一個國際會議會涉及的行業和社會面都非常廣，因此會受到非常嚴格的法律制約。此外與會議題材所在產業有關的法律對舉辦會議也會產生較大的影響。

（4）社會文化環境：社會文化環境有三大類，一是物質文化，二是關係文化，三是觀念文化，它們分別代表人們對物質生活、社會關係和意識形態等方面的要求、認識和看法。社會文化環境對舉辦會議和人們參加會議會產生較大影響，例如，人們的飲食習慣，國與國之間的關係好壞，世界各國的各種節假日和喜慶日的安排等，對會議舉辦的影響就非常大。

在認真的市場調查和充分地掌握以上各種訊息的基礎上，要切實結合會議的實際情況，對舉辦會議所面臨的宏觀市場環境的各個方面作出準確的分析，尋找市場機會，發現威脅，為會議項目可行性的最終決策服務。

2.微觀市場環境

微觀市場環境是指對會議組織機構舉辦會議構成直接影響的各

種因素。這些因素包括會議組織機構的內部環境、目標客戶、服務商和社會公眾等。與宏觀環境一樣，微觀環境所包括的因素也可能給舉辦組織帶來市場機會或者造成威脅。

（1）組織機構的內部環境：就是舉辦機構內部所具備的各種條件，包括資金、人力、物力（如辦公室設備和通訊工具）以及所掌握的訊息資源和能聯繫的社會資源等。透過對舉辦機構內部環境的客觀分析，準確地找出它們在本行業以及它們本身所具有的優勢和劣勢，並對這些優勢和劣勢進行客觀地評估，分析組織機構是否有舉辦某一會議的能力。

（2）目標客戶：就是會議的潛在舉辦方和參與者。從類別上看，會議的目標客戶包括消費者市場客戶、生產者市場客戶、中間商市場客戶、政府部門和國際市場客戶五大類。會議的最終目的是要滿足目標客戶的需求。因此，在分析會議的目標客戶時，不僅要分析它們的數量和質量，還要注意分析和把握它們的需求及變化趨勢，並以此作為會議努力的起點和服務的核心。

（3）服務商：是受辦會機構的委託，為會議提供各種服務的機構，包括會議指定的視聽設備，提供旅遊服務的旅行社，提供住宿服務的賓館酒店，以及提供會議資料印刷和與會者登記的專門服務等。這些服務商是辦好一個會議必不可少的組成部分。在舉辦會議時，會議舉辦方很多時候都將這些服務商提供的服務看成會議本身的一個有機組成部分。因此這些服務商提供的服務的好壞直接影響到會議本身。在策劃舉辦會議時，對這些會議服務商要仔細甄選；在進行可行性分析的時候，還要對它們的資質、信譽和實際服務能力等進行深入的瞭解，以保證會議的服務質量不因它們的服務不周而受損。

（4）社會公眾：是指對會議實現其目標具有實際或潛在影響的群體。一個會議所要面臨的公眾有六種：一種是媒體公眾，即專業和大眾報刊、電視等，它們具有廣泛的影響力，對會議的聲譽有舉足輕重的影響；二是政府公眾，即負責管理會議和商業活動的有關政府部門；三是當地民眾，即會議舉辦地的居民、官員和其他社團組織等；四是市民行動公眾，即各種知識產權保護組織、環保組織等；五是辦會機構內部公眾，即會議機構的全體員工；六是金融公眾，即關心並可能影響辦會機構獲取資金的能力的機構和組織，如銀行和投資公司等。這六類公眾都具有增強一個會議實現其目標的能力，也有阻礙其目標實現的能力；有時候它們的態度還能直接影響一個會議市場的前途。

（二）目標市場需求分析

在會議策劃過程中，會議組織者必須明確主辦者和與會者各自的需求。其中對與會者需求的分析也是進行市場宣傳的必要工作。需求分析通常包括向預期與會者發送調查問卷。該調查問卷也可以作為進行市場宣傳的一個工具。它可以向接受調查者傳達最初的訊息，如會議的時間、地點以及一些早期的計劃。同時，問卷也使接受調查者參與到會議的策劃中來，與他們中的一些人達成某種「心靈契約」。

需求分析根據各自不同的目的而有別。如果以協助會議策劃為目的，問卷的大部分問題就會與會議策劃有關，如果分析的主要目的是為了進行市場宣傳，問卷的問題就應該能夠引起人們來參加會議的興趣。一般的問卷會在兩者之間找到一種平衡，而承辦者則必須在開始需求分析之前確定其想要達到的目的。（表3.1）

表3.1 商務會議需求調查表

會議承接人簽字:　　　　　　　　　　　　　　　　會議銷售部責任人簽字:

編號	分類	主辦方要求	會議承接人填寫
1	會議主題		
2	方案	時間、人數、初步會議安排	
		有無公共關係、媒體加入	
		有無娛樂活動、其他會議外活動	
		有無表彰活動，何時、如何協助	
		有無禮品幫助發放，如何協助	
3	會議地點	使用會議室數量及時間	
		有無主會場分會場	
4	會場	會場布置要求	
		簽到台擺放位置及要求	
		鮮花及水果、點心要求(免費/收費)	
		水杯要求(紙杯/玻璃杯)	
		開始與結束時間，最大容納人數	
		固定講台放置樣式	
		空調、電話、燈光要求	

續表

編號	分類	主辦方要求	會議承接人填寫
4	會場	發言人工作台樣式及放置位置	
		橫幅內容	
		指示牌內容	
		是否需要印出名牌，請將名單附後	
		話筒個數要求(有線/無線)	
5	其他		

年　月　日

公司類會議和協會類會議是常見的會議類型，仔細分析它們的差異對把握會議市場需求大有幫助。

（1）時間週期差異。公司會議一般是按照需求而不是固定時間來舉行；協會類大型會議是按照規定的時間週期舉行，例如在美國，大型會議最經常是星期日開始開到星期四，開完會結帳離開飯店。因為，大多數美國航空公司要求乘客如果要購買便宜機票，必須星期六在外過夜。於是，在星期一開會，只要有可能的話都被移到星期日進行大會登記。中國的協會會議一般安排在週一至週五，因為人們一般不願意在週末開會。

（2）會前準備時間差異。絕大多數公司會議的前期準備時間很短，大型會議一般3～6個月；協會會議都是事先安排好的，協會會議平均提前準備時間為：年會1～4年，大型會議3～5個月，會議規模越大，會前準備時間越長。

（3）地理位置差異。公司會議選址主要是考慮會址是否適合會議的業務和需要，時間、交通費用和便捷程度都是影響會議選址的因素；協會類會議選址考慮區域的獨特之處，能吸引人。

（4）出席情況差異。公司會議必須出席；協會類會議則是自願出席。

（5）會議期限差異。公司會議1～2天，培訓或獎勵會議3～5天；協會類平均期限3～5天。

（6）其他差異。展覽是協會的標誌性活動，大多數公司會議也經常有展示活動，展示新產品或進行大規模的演示說明活動。在會議廳需求方面，具體需要什麼會議廳要因具體活動而定。培訓活動可能需要分組分頭開會，然後在大會議廳集合開大會，因此需要可隨意分割的會議廳。（表3.2）

表3.2 公司類會議和協會類會議差異比較

	公司會議	協會會議
時間週期	按需求，無固定時間	固定時間
準備時間	短，3-6個月	年會1~4年，大型會議3~5個月
地理位置	適合公司業務和需要	有獨特之處，吸引人
飯店類型	市區飯店，渡假飯店，郊區飯店	取決於規模、性質和期限
出席情況	必須	自願
會議期限	1~2天	3~5天
其他	會議廳要求，設備，展覽	價格

值得注意的是，公司會議計劃和協會會議計劃所考慮的因素有差異，例如，公司會議計劃關注的三個主要因素依次是：食品服務質量，會議廳的服務質量、大小，辦理付款手續是否方便。協會會議計劃考慮的因素依次為：會議廳的服務質量、大小，客房數量、大小、質量，食品服務質量。

三、策劃方案

在這一階段中最為重要的是為會議建立一個主要目標。例如，為IT公司經理們召開的產品介紹會旨在向他們展示新的電腦系統的使用，而為動物愛好者舉辦的年會則需為他們提供機會來互換訊息。

（一）會議主題

會議的目的制約著會議的主題和議程，決定會議的性質，並且影響著會議的方式和結果。會議的主題是會議的精神支柱，確定會議主題應遵循的原則是寧簡勿繁，同時主題應具有前瞻性和持續性，有時，在主題之外還另加副標題，副標題用以對主題進一步的補充和說明。

例如，聯合國亞太經濟北京年會的主題是「區域經濟合作」，但「經濟區域合作」範圍太廣，於是又加上副標題「前景，優先事項和政策選擇」，使主題範圍更集中一些。

還可在主題之下分專題，以突出主辦方所要強調的區域。如上海申辦2010年世博會，以「城市——讓生活變得更美好」為主題。在主題之下分五個專題：經濟發展，可持續發展，城鄉相互作用，高技術發展，城市與多元文化發展。

會議應順應時代發展趨勢，不斷推出新的觀念。在會議主題和內涵上進行創新。目前，從上海會議業的發展實踐來看，在會議主題和內涵上已取得一定成績，基本形成包括政治、經濟、社會和文化等多領域、多層次具有較豐富內涵的會議主題。近年來，上海根據自身發展特點和趨勢配合會展業發展，相繼舉辦了多次以城市發展、區域經濟、訊息化等為主題的大型國際會議。如上海市市長國際企業家諮詢會議，上海一關西經濟研究會和上海國際訊息技術大會。

（二）會議規模

一般來說，影響會議規模的主要因素是動用的人員數量，其中又以參加會議的總人數為主要依據。

會議的規模與會議的效果密切相關。有的會議（如學術交流會、聯誼會等）要求造成聲勢、擴大影響，需要達到一定的規模才能產生效果。有的會議具有保密性，必須嚴格控制與會人數和會務人員，以防止會議內容擴散。

會議的規模直接制約會議的效率。除了法定會議性會議和必須舉行的大規模會議之外，要盡可能地控制與會人數。

一般來說，規模決定場地，但常常由於場地的限制，會議規模受到相應的制約。

會議規模還與會議成本有關，規模越大，動用的人力、物力、財力就越多，會議成本就越高。

（三）會期和議程

會期包括兩個方面的含義：其一指會議從開始到結束之間的時間跨度；其二指同期性會議召開的固定時間。多指第一方面含義。國際會議的會期長短不一，長則數月，短則兩三天。一般取決於四方面的因素：議程的盈匱、議題的難度、會議的週期、會議的準備情況。

會議的議程是一次會議所要討論的問題及進展程序，所討論的問題稱為議題或議程項目。國際會議的議程有：開幕式；選舉會議主席團成員；透過會議規則，使會議進展有章可循；大會發言；分組討論；其他事項；透過報告書；閉幕式。其中大會發言和分組討論屬會議的實質部分，其他的事項屬程序部分。

（四）落實會議場所和地點

會議的成敗，場地的選擇相當重要，會議地點的物質條件（設施、環境和工作人員）對會議的成敗起著關鍵的作用。

一般來說，會議地址的選擇要根據會議目標、會議形態、會議實質上的需求、與會者的期望、會議地點的設施與環境等，在綜合評估基礎上作出選擇。

總的來說，會議地點必須與會議策劃協調一致。如在策劃方案中需要使用小型會議室，或者要求有一個可容納2000個座位的場地來舉行全體會議，那麼會議地點就必須有這樣的設施。又如，在使用輪船、療養地和主題公園作為會議場地時，一是要考慮時間因素，因為這些地方並不是全年都可以提供會議服務的。另外，還需要考慮會議的性質，有些地方尤其是療養地和主題公園是不適宜召開嚴肅的會議的。

在策劃會議的時候，在某一會議地點的會議持續時間也是一個考慮因素，因為它影響到成本效益。在選擇會議地點的時候還要考慮到季節因素，一方面是因為有些設施具有季節性，如冬天在船上舉行會議就沒有其他季節好，另一方面是因為季節對與會者的影響受到他們預期和喜好的制約。

常見的會議地點類型有：

（1）飯店。經過多年的發展，現在有許多飯店已將會議作為一個獨立的領域進行開發與設計，規劃專門軟體設施為開會使用，提供會議所需的服務與設施，有些飯店甚至定位於會議市場而形成會議型飯店。但由於飯店硬體設施的限制，難以滿足大規模的會議。

（2）會議中心。會議中心是主要為各種會議活動提供專門場地、設施設備和服務的場所，它一般以承辦接待國際、國內會議及展覽等其他大型活動為主要經營項目。一般來說，會議中心具有最新的視聽和通訊技術裝備，能夠提供專業的會議視聽服務，並且還配套提供餐飲、商務、訊息諮詢、票務、旅遊等服務，並且兼營視聽、辦公等設施設備的出租服務。廣義的會議中心泛指任何適合舉行會議的場所，一般會議中心要求：60%的業務來自會議；提供會議所需要的全部設施；包括功能性房間、各類設備、臥室、餐廳及娛樂區；擁有隨時為會議承辦者和與會者提供幫助的專業人士。狹義的會議中心是為大型會議而專門設計的場所，一般不包括客房和娛樂區。

雖然會議中心也是從飯店會議設施發展而來，但從會議場地和設施設備等硬體條件來看，會議中心在設計上與一些飯店中所提供的會議設施是有區別的。不少飯店也將接待會議作為經常性業務，但其硬體條件還是有所欠缺的。如，固定式會議室多，多功能廳少，這就不易滿足會議主辦方對不同鋪台形式的需求；會議廳、室大小配套搭配不夠，往往無法承接某些對場地要求特殊的會議；沒有能力提供某些先進的視聽設備；會議廳門口沒有配套的衣帽存儲設施，等等。

而以接待會議為主要業務的會議中心，一般都擁有大小配套的多個會議廳，並且擁有多個使用靈活的多功能廳。大型會議廳還有與之配套的可同時容納幾十人的衛生間，有能供幾百人同時存放衣帽的衣帽櫃。由於許多大會安排的是全天會議，會議室的設計特別講究耐用和舒適，燈光、空調等完全適合會議活動的需要，最突出的是配備了大量通用的現代化視聽設備。餐飲、客房服務也都主要圍繞會議活動的特點，能夠很有針對性地滿足會議團體的需要。例如，客房通常很寬大並且配有工作間和書房；餐廳常常提供靈活性很大的自助餐，等等。

（3）大學。大多數學校都擁有學術報告廳等會議設施，有些學校的會議場所也是向社會開放的，並且具備了與商業會議中心同樣規模和水平的設施。

（4）輪船。輪船，特別是遊輪，大多配置會議設施。會議可以包下輪船的一部分，也可以是包下整艘船。

（5）療養地。療養地經常也配備會議設施，可以療養，也可以開會。

（6）主題公園。主題公園有時也配備會議設施，以滿足一部分特殊的會議群體。

（7）公共建築。由國家投資、用於公共事業的非營利性的設施，譬如博物館、圖書館等，這些地點也具有一定的會議設施，滿足會議的需要。

（8）公司內部的會議地點。很多公司內部有會議設施，這樣，不但可以自己使用，而且可以對外租用。

選定會議場所的類型之後，接下來要決定會議在哪個地點舉行。對於會議地點的選擇應考慮如下要素：

（1）距離和交通情況。即：會議地點與與會者的距離；交通情況（航班、火車、高速公路等）；會議地點與會議前後的旅行；會議地點的各個飯店與會場之間的距離，等等。

交通便利（包括航空運輸、地面交通與軌道交通），出行方便，便於區域間周轉；會場與機場、軌道工具之間的距離要適當；停車場要有足夠的泊位，並有足夠的空間提供車輛掉頭；場地車輛、人員通道要暢通以保證交通疏通能力；若會場周邊旅遊資源豐富，則更能增加會議目的地的吸引力。

（2）舉辦會議的歷史。在這個地點以前是否舉辦過會議；在這個地點以前是否舉辦過同類會議。

（3）食宿及配套設施。要有良好的食宿及配套設施，標準高低由客戶根據各自的預算來確定，但住宿離會議地點不能太遠；餐飲和會議地點不可一處；休閒環境要好，便於代表交流；娛樂演出要有當地特色。一些必備的基本生活附屬設施，如餐廳、商場、醫務室、商務中心、電腦及其網路、電視信號、銀行、書店、出租車、票務代理等也應考慮在內。

（4）費用。會議地點的收費情況；是否提供免費使用的房間；是否有淡季折扣；工作日和週末是否有所不同；是否需要交納押金；會議地點接受哪些貨幣；會議地點對取消預訂有何規定；會議地點是否要求保險；誰將對財產損失負責；會議地點是否對某些設施進行特別收費，尤其是會議的前一天和後一天；會議地點對附加收費有哪些規定；哪些費用可以延期支付；會議地點是否能夠保證客房價格，例如限制最高價格，等等。

（5）安全。會議地點的工作人員的安全意識；每個房間是否有煙感報警器和噴淋裝置；飯店是否公開了撤退程序和緊急疏散標誌；是否配備了保險箱；是否有常駐醫生等等。

（6）會議地點的服務設施。如，會議地點是否有汽車租賃服務；會議地點可以提供哪些娛樂活動；會議地點是否與附近的娛樂場所有聯繫；會議地點是否對使用娛樂設施收費；會議地點是否有商店等等。

基礎設施要齊全，專業會議要求新聞報導環境、工作人員辦公的環境及設施（有些會議強調無障礙設施的完備）要完全滿足現代會議的高效、舒適的需求。

通訊要有保障，會場有否電信盲點，上網寬頻配置、衛星接受信號等通訊技術支持的問題是現代會議的特別要求。

（7）會議地點的景點。如，景點是否靠近會議地點；與會者是否會對這些景點感興趣；會議地點的管理部門是否與附近的景點有互惠合作等等。

除了上述因素之外，還有一些其他因素，如會議地點是否提供參觀的來往交通；在會議地點附近，還預備了哪些其他活動等等。

在進行具體會議場所選定時，首先將可能適合的場地製作一張表單，然後實地考察。這種實地考察可以分為三種：①熟悉場地，即總覽場地，對會議相關事宜做到心中有數；②場地檢查，用來評估特定場地對特定會議的適宜性；③聯絡視察，為具體的要求提供資料，為已預定的會議討論安排。

實地考察是很有意義的，因為它給了組織者一種從宣傳資料上無法讀到的「感覺」。實地考察時，要事先制定一張清單來確保考核的所有要點，這往往是一種很有效的做法。

總之，會議策劃方案的內容可以透過回答以下一系列的問題來確定和調整。

（1）誰（WHO）。誰被邀請？實際有多少人會出席？這個誰應該包括客戶、演講人等。

（2）什麼（WHAT）。會議形式是什麼（合作式、協會式還是政府類），會議的形式會明顯影響預算，需要向代表團傳遞哪種訊息。

（3）何時（WHEN）。有效地組織會議需要充分的時間，而會議組織者恰恰經常需要在極短期內著手會議準備，因此，必須考慮到財政年度、節假日和其他時間衝突等因素。

（4）何地（WHERE）。會議將在哪裡舉行，先定一個大範圍，然後縮小圈子。當然此時交通運輸是一個關鍵因素。

（5）為何（WHY）。會議要有一個明確的目標，如討論、發展、互通訊息等。

（6）如何（HOW）。這是指具體的會議形式，如，是否需要單間討論室、展覽空間、餐飲服務或IT設備等。一般說來，每一次會議都有一次全體大會，通常作為會議的開幕式和閉幕式，全體大會一般會有一個發言人。會議最常用的是並行會議，即同時進行兩個以上的會議，可以與前面進行的會議並無直接關係。分散會議，也叫分組會議，是在全體大會之後小組討論會議。

另外，由於會議的內容、風格和節奏各有不同，有時還應該注意以下幾個方面的問題：

（1）選擇好關鍵講演者。在選擇講演者時不妨既採納同行的推薦，同時又運用點想像力。有時，使用創新的甚至帶有些爭議性的演講者也會給會議帶來意想不到的收益。

（2）計劃好會議活動類型。當然這取決於預算和客戶的類型。但是如果選擇得當，一個好的社會活動會賦予會議獨特的魅力，並成為一次值得回憶的愉快經歷。

（3）提供相關的城市觀光或商業參觀。提供這類活動往往會吸引與會者並延長他們的停留時間。

（4）合理安排時間，要有足夠的機動時間以便應急。

透過對上述兩類因素的考慮，我們認為制定策劃方案是一項重要的基礎工作，同時又是一項創意性的工作。即使是制定好的策劃方案在實際使用過程中也可以根據新出現的情況對它們加以調整。以下介紹幾種實用的策劃方案。見表3.3、表3.4、表3.5、表3.6。

表3.3 一日會議的策劃方案

事件序號	時間	活動	地點
1	8:30AM	註冊登記	大廳
2	9:00AM	全體大會	大會廳
3	9:45AM	並行會議	
4	10:30AM	休息	大廳
5	10:45AM	並行會議	
6	11:30AM	自由活動	
7	12:00NOON	午餐	大會廳
8	1:30PM	討論會1	
9	2:30PM	並行會議	
10	3:15PM	休息	
11	3:30PM	討論會2	
12	4:30PM	自由活動	
13	5:00PM	全體活動	
14	6:00PM	招待會	

表3.4 一日會議的並行會議安排

事件3	9:45AM	並行會議	
會議序號	主題	後勤人員	地點
301			
302			
303			

事件5	10:45AM	並行會議	
會議序號	主題	後勤人員	地點
501			
502			
503			

事件9	2:30PM	並行會議	
會議序號	主題	後勤人員	地點
901			
902			
903			

表3.5　一日會議的討論會安排

事件8	1:30PM	討論會1	
討論會序號	主持人	記錄員	房間
801			
802			
803			
事件11	3:30PM	討論會2	
討論會序號	主持人	記錄員	房間
1101			
1102			
1103			

表3.6 三日會議的策劃方案

時間	事件編號　周一	事件編號　周二	事件編號　周三	事件編號　周四
7:30AM		4　早餐	12　早餐	20　早餐
9:00AM		5　全體大會	13　全體大會	21　全體大會
10:00AM		6　休息	14　休息	22　休息
10:30AM		7　分散會議和並行會議	15　分散會議和並行會議	23　分散會議和並行會議

續表

時間	事件編號　週一	事件編號　週二	事件編號　週三	事件編號　週四
12:00NOON		8　午餐	16　午餐	24　午餐
2:00PM	1　註冊登記	9　並行會議	17　並行會議	
4:00PM		10　自由活動	18　自由活動	
6:00PM	2　開幕宴會		19　招待會	
8:00PM	3　會議介紹	11　晚餐及文化活動		

第二節　會議預算制定

掌握了會議預算就等於掌握了整個會議，一般認為，作為會議主辦者的公司僱主或非營利性公眾大會的主辦者可能會規定一個總體預算數字，會議承辦者則要在這個預算範圍內舉行會議。營利性公眾大會的主辦者在制定預算的時候往往要以一定的收入或利潤額為基礎。協會組織在主辦會議的時候也會尋求盈利。

一、預算步驟

預算的第一步是確認此次會議是盈利，還是保證收支平衡。無論會議類型如何，在草擬預算管理時應注意到，必須顯示預計收支，並準備會後的資產負債表來顯示實際的以收抵支。

然後是理清費用。費用包括兩個主要類型，即固定費用和可變費用。不論參展人數多少，固定費用都是一樣的，包括：場地設施費；講演者酬金、旅費的支出；市場費（包括宣傳手冊、郵寄廣告、新聞稿、廣告、記者招待會）；行政費；視聽費；租用費（如家具、設備與燈光）；展覽費；服務費；路標、鮮花和其他用來製造氣氛的項目費；運輸費；保險費；審計費；貸款利息或透支。

無論預算表準確與否以及費用控制得有多好，都將會有意料之外的支出。例如漲價、工作進程或演講人變動。總的預算應有10%的或有費用計劃。

可變費用因與會人數而浮動，包括：餐飲；住宿；娛樂；會議裝備（如文件夾、徽章等）；文件費（如材料郵寄、注冊）。

會議預算一般由會議組織者的財力和實力，會議的規模檔次，活動的內容，離目的地的遠近，設施和服務等因素決定。

二、預算內容

會議及展覽的預算不是一個概念。通常而言，會議預算包括以下幾個方面：

（一）交通費用

交通費用可以細分為：

（1）出發地至會務地的交通費用——包括航空、鐵路、公路、客輪，以及目的地車站、機場、碼頭至住宿地的交通。

（2）會議期間交通費用——主要是會務地交通費用，包括住宿地至會所的交通、會所到餐飲地點的交通、會所到商務交際場地的交通、商務考察交通以及其他與會人員可能使用的預訂交通。

（3）歡送交通及返程交通——包括航空、鐵路、公路、客輪及住宿地至機場、車站、港口交通費用。

（二）會議室／廳費用

具體可細分為：

（1）會議場地租金——通常而言，場地的租賃已經包含某些常用設施，譬如雷射指示筆、音響系統、桌椅、主席台、白板或者黑板、油性筆、粉筆等，但一些非常規設施並不涵蓋在內，比如投影設備、臨時性的裝飾物、展架等，需要加裝非主席台發言線路時也可能需要另外的預算。

（2）會議設施租賃費用——此部分費用主要是租賃一些特殊設備，如投影儀、筆記本電腦、移動式同聲翻譯系統、會場展示系統、多媒體系統、攝錄設備等，租賃時通常需要支付一定的使用保證金，租賃費用中包括設備的技術支持與維護費用。值得注意的是，在租賃時應對設備的各類功效參數作出具體要求（通常可向專業的會議服務公司諮詢，以便獲得最適宜的性價比），否則可能影響會議的進行。另外，這些會議設施由於品牌、產地及新舊不同，租賃的價格可能相差很大。

（3）會場布置費用——如果不是特殊要求，通常而言此部分費用包含在會場租賃費用中。如果有特殊要求，可以與專業的會議服務商協商。

（4）其他支持費用——這些支持通常包括廣告及印刷、禮儀、祕書服務、運輸與倉儲、娛樂保健、媒介、公共關係等。由於這些支持均為臨時性質，如果會議主辦方分別尋找這些行業支持的話，其成本費用可能比市場行價要高，如果讓專業會議服務商代理，可獲得價格相對比較低廉且服務專業的支持。

對於這些單項服務支持，主辦方應盡可能細化各項要求，並單獨簽訂服務協議。

（三）住宿費用

住宿的費用應該非常好理解，但值得注意的是，住宿費裡面有些價格是完全價格，而有些是需要另外加收政府稅金的。對於會議而言，住宿費可能是主要的開支之一。找專業的會展服務商通常能獲得較好的折扣。

正常的住宿費除與飯店星級標準、房型等因素有關外，還與客房內開放的服務項目有關——譬如客房內的長途通訊、洗換、迷你吧酒水、一次性換洗衣物、互聯網、水果提供等服務是否開放有關。會議主辦方應明確酒店應當關閉或者開放的服務項目及範圍。

（四）餐飲費用

會議的餐飲費用可以很簡單，也可以很複雜，主要取決於會議議程及會議目的需要。

1.早餐

早餐通常是自助餐，當然也可以採取圍桌式就餐，費用按人數計算即可（但考慮到會議就餐的特殊性及原材料的預備，所以預計就餐人數不得與實際就餐人數相差到15%，否則餐館有理由拒絕按實際就餐人數結算——而改為按預訂人數收取費用）。

2.中餐及晚餐

中餐及晚餐基本屬於正餐，可以採取按人數預算——自助餐形式，按桌預算——圍桌式形式。如果主辦方希望酒水消費自行採購而非由餐館提供，餐館可能會收取一定數量的服務費用。

3.酒水及服務費

通常，如果在高星級飯店餐廳就餐，餐廳是謝絕主辦方自行外帶酒水消費的，如果可以外帶酒水消費，餐廳通常需要加收服務費。在高星級飯店舉辦會議宴會，通常在基本消費水準的基礎上加收15%左右的服務費。

4.會場茶歇

此項費用基本上是按人數預算的，預算時可提出不同時段茶歇的食物、飲料組合。承辦者告知的茶歇價格通常包含服務人員費用，如果主辦方需要非程序服務，可能需要額外的預算。通常情況下，茶歇的種類可分為西式與中式兩種——西式基本上以咖啡、紅茶、西式點心、水果等為主，中式則以開水、綠茶或者花茶、果茶、咖啡、水果及點心為主。

5.聯誼酒會／舞會

事實上，聯誼酒會／舞會的預算可能比單獨的宴會複雜，宴會只要設定好餐標與規模，預算很容易計算。但酒會/舞會的預算涉及場地與節目支持，其預算可能需要比較長的時間確認。

6.演員及節目

通常可以選定節目後按場次計算——預算金額通常與節目表演難度及參與人數正相關。在適宜地點如果有固定的演出，那預算就很簡單，與觀看表演的人數正相關——專場或包場除外。

（五）雜費

雜費是指會議過程中一些臨時性安排產生的費用，包括影印、臨時運輸及裝卸、紀念品、模特與禮儀服務、臨時道具、傳真及其他通訊、快遞服務、臨時保健、翻譯與嚮導、臨時商務用車、匯兌等等。雜費的預算很難計劃，通常可以在會務費用預算中增列不可預見費用作為機動處理。

（六）視聽設備

會議除非在室外進行，否則視聽設備的費用通常可以忽略。如果為了公共關係效果而不得不在室外進行，視聽設備的預算就比較複雜，包括：

●設備本身的租賃費用，通常按天計算。

●設備的運輸、安裝調試及控制技術人員支持費用，可讓會展服務商代理。

●音源——主要是背景音樂及娛樂音樂選擇，主辦者可自帶，也可委託代理。

複習思考題

一、填空題

1.策劃委員會是一個______團隊，通常由______構成。

2.市場調查是圍繞______展開的，市場調查的具體對象是______，重點對象是______。

3.需求分析根據各自不同的目的而有別。如果以協助會議策劃為目的，問卷的大部分問題就會與______有關，如果分析的主要目的是為了進行市場宣傳，問卷的問題就應該能夠______。

4.一般來說，影響會議規模的主要因素是______，其中又以______為主要依據。

5.預算的第一步是______。無論會議類型如何，在草擬預算管理時必須顯示______，並準備會後的______來顯示實際的以收抵支。

二、選擇題

1.會議的______制約著會議的主題和議程，決定會議的性質，並且影響著會議的方式和結果。

A.規模　　B.目的　　C.場地　　D.預算

2.舉辦接待國際、國內會議及展覽等其他大型活動選擇的會議地點類型是______。

A.飯店　　B.會議中心　　C.大學　　D.渡假村

3.______是會議項目可行性分析的第一步。

A.市場環境分析　　B.目標市場需求分析

C.成本分析　　D.會議主題

4.會議場所選定時，用來評估特定場地對特定會議的適宜性的實地考察是______。

A.熟悉場地　　B.場地檢查　　C.現場詢問　　D.聯絡視察

5.運輸費用屬於費用預算的哪類______。

A.固定費用　　B.可變費用　　C.運輸費用　　D.租賃費用

三、問答題

1.簡述會議策劃委員會的工作內容。

2.會議市場調查的主要內容有哪些？

3.會議策劃方案主要有哪些內容？

4.常見的會議地點類型有哪些？

5.會議選址主要考慮哪些因素？

6.會議預算的步驟有哪些？

7.會議預算內容有哪些？

第四章　會議營銷和服務

◆本章重點◆

透過本章的學習，掌握會議營銷和綜合服務的主要內容，瞭解前期管理和現場管理的重要性。

◆主要內容◆

●會議營銷

會議產品；會議產品定價；會議產品銷售渠道；會議產品促銷策略

●會議綜合服務

指導委員會；會場手冊；訊息中心；會場布置；特殊事件處理

會議營銷是貫穿於會前、會中、會後全過程的工作，也是將策劃付諸實施的必要環節，會議營銷包括產品市場調研、產品設計、定價、促銷等一系列操作內容。

第一節　會議營銷

一、會議產品的吸引力要素

經過詳細的策劃，會議產品形成了，具有了很多的吸引力要素，也可以說是「賣點」。這就有了把會議產品推向市場的前提。

（一）會議的主題、議程及其他活動項目安排這是體現會議目標的實質性要素，特別是對於營利性會議，主題要鮮明、獨特、富有吸引力。必須以研究消費者生活方式為切入點，在此基礎上確定這種生活方式所代表的核心思想，提出吻合特定消費群體的價值觀念的主題，並以主題號召、聚集、激發、引導消費，從而開發、培育一個有特色的消費市場。

用會議的議程配合會議整個目標是非常重要的。會議議程在內容、方式和期限上因會議不同而異。總的來說，議程要安排得妥當、豐富、銜接自然，緊緊圍繞主題。

會議有時候還附帶展覽會、休閒項目等，可以透過這些社會活動輕鬆愉快地擴展會議的主題，促進與會者之間的交流。尤其是協會類會議，經常將商務內容與社會活動結合在一起。

（二）舉辦地

在挑選會議場所時，較之其他方面的單項標準，會議組織者更為重視「開會的地方」，即會議地點的所在地，也可以稱為「目的地」。會議在哪個國家哪座城市舉辦？地理位置和交通狀況如何？氣候怎樣？城市環境和基礎設施如何？有什麼著名景點？這些都是影響整個會議吸引力的重要因素。

（三）會議地點

指會議的具體舉辦地點。會議地點主要包括酒店、專門的會議中心、全套房飯店（all-suite hotel）、大學和其他學術機構的會議地點以及市政會議地點等。

會議地點的吸引力要素本身組成就比較複雜，既包括會議室條件、客房條件、視聽設備條件等硬體要素，也包括服務質量、接待會議經驗等軟體要素，還包括會議地點的位置條件等，具體分析在前一章已有論述。

（四）演講人和嘉賓

演講人的專業水平和嘉賓的檔次在很大程度上決定著會議訊息交流的質量和會議的影響度大小。選擇好演講人和分組或討論的主持人，是活動成功的重要因素，這些角色一般邀請政府相關要員、行業協會人員、行業雜誌的編輯、大學教授等擔當。

（五）人際交流氛圍

會議要給與會者留下難忘的記憶。與會者選擇參會，不僅僅是因為在會議的正式議題之中能夠享受到和學習到東西，還因為會議能夠為與會人員提供非正式的人際關係網路和做買賣以及社會交往的機會。Internet、電話、CD和電視錄影雖然能帶給人們聲音和圖像訊息，但是它們卻無法給人們「現場感」。人們需要面對面的會議，因為它充滿了真實而強烈的個體氛圍。

（六）其他服務

與會代表之所以喜歡參加會議，不僅因為有機會更新知識和與成功人士建立關係，而且還因為會議常常在旅遊者感興趣的城市召開，還會帶來其他外圍方面的樂趣，例如參加一些休閒活動和文化活動等。

為了向會議購買者提供全方位的服務，會議業必須利用許多不同的資源，組成「一站式」或「一攬子」的產品。如航空公司、公路和鐵路公司、汽車租賃公司等提供的交通服務、筆譯和口譯服務、花飾承辦服務，等等。

二、會議產品的營銷對象

如前所述，不同類型的會議產品有著不少的區別，因此，涉及的營銷對象和營銷重點也會有所不同。這裡主要針對營銷對象比較全面的協會類會議略作分析。公司類會議和非營利性組織會議的營銷對象要相對少一些。表4.1 列出會議產品的主要營銷對象和強調的重點。

一般認為會議產品的「買家」是與會者，他們是會議產品營銷最重要的對象，的確如此。但會議產品營銷並不僅僅是針對與會者，其營銷對象還包括政府、公眾、媒體等等。

表4.1 不同營銷對象的營銷差異

營銷對象	營銷目的	主要營銷內容	營銷重點
與會者	吸引參會	舉辦地、會議地點的設施和服務、會議主題和議程安排、演講、人際關係網路、會後旅遊	學習和體驗
贊助商	獲得贊助	形象效應和新聞效應	回報方案
政府、協會及公眾	求得支持和幫助	會議對舉辦地的經濟、社會效應等	效應
媒體	擴大影響，幫助宣傳	會議對舉辦地的效應、對媒體的價值	新聞價值
演講人和嘉賓	吸引參會	舉辦地、會議地點的服務、會議主題、人際關係網路、會後旅遊	服務、安全和報酬

尤其重要的是，對於為數不少的營利性會議來說，對贊助商的營銷非常重要。對於他們來說，要購買的「會議產品」其實是會議活動這樣一個重大事件所附帶的新聞價值和有助於提升企業形象的種種好處。這和與會者眼中重在「體驗」的會議產品有著很大的不同。

另外，會議組織方邀請演講人或嘉賓的行為也可以視作一種會議營銷工作，雖然看起來似乎是會議方面向他們「購買」，但是要吸引他們來出席會議，向他們展開營銷，充分展示一個會議產品能給他們帶來的利益也是十分必要的。

三、會議產品定價的要素

在公司類會議中，會議預算是由公司制定的，要包括與會人員的消費以及策劃、宣傳和舉辦會議時所發生的成本，這些費用一般由公司支付。有時也可依靠對特定項目的贊助費用。

而協會類會議，其收入主要來源於與會人員的會務費以及贊助和組織展覽等收入。會議在設計時要考慮到收支平衡。盈利部分有時被作為啟動資金，以供下次活動的最初宣傳和策劃工作使用。對於市場化操作的工商企業類會議來說，它們舉辦會議是完全自負盈虧的，透過銷售會議產品來取得收入，對它們的生存尤為重要。因此，這兩類會議組織者需要十分重視會議產品的定價問題。

會議產品定價過程中首先要明確經營目標和預期收益，比如，確認此次會議是盈利，還是保證收支平衡，或者是要爭取最多參會人數。在此基礎上制定定價策略，比如，如果要取得最大收入，那麼就制定出目標市場所能接受的最高價格。

會議產品定價一般要考慮以下要素：

（一）會議產品的成本

分析成本是制定合理價格的第一步。會議產品的成本主要有：

（1）固定成本：場地設施費、講演者酬金、旅費、市場費（包括宣傳手冊、郵寄廣告、新聞稿、廣告、記者招待會）、行政費、視聽費、租用費（如家具、設備與燈光）、展覽費、服務費、電話費、用來製造氣氛的項目費（包括路標、鮮花等）、運輸費、保險費、審計費、貸款利息或透支等等。

（2）變動成本：因與會人數變化而浮動，包括餐飲、住宿、娛樂、會議裝備（如文件夾、徽章等）、文件費（如材料郵寄，註冊）等。

（二）目標市場

在定價過程中很重要的一點是分析目標群體的價格敏感度，也就是分析會議產品對不同目標市場的彈性如何。例如，公司類與會者的平均消費相對比較高，原因是公司替與會者付費，可以將成本打入公司的營銷或培訓預算裡，他們對價格便不是太敏感。而協會類會議的與會者一般是自願參會的，常常要求由自己承擔會議費用。因此，協會類會議組織者要想增加與會人數，就必須儘量降低參加會議的費用。例外情況是，與會者若是作為某團體的代表或陪同前來時，會議費用往往可以報銷，他們對價格便不是那麼敏感。

（三）競爭態勢

即市場競爭的激烈程度。如果供過於求，競爭激烈，價格則可能下調。反之則有可能上調。

根據上述因素，會議產品定價選擇的方法有：①成本法，即基於成本再加上一個定價比例來制定價格。②競爭法，即根據市場價格進行定價。③供求法，即透過在需求水平低時降低價格，在需求水平高時提高價格來平衡供求。

四、會議產品定價的具體內容

（一）與會者的會務費

會務費，有時也稱「註冊費」，它一般是與會者為參加會議所支付的各種項目的打包價格。最常見的收費項目主要有：交通、住宿、餐飲、參加大會費用、參加分會或專門論壇費用、論文集費、會刊費、禮品費、會議管理費等。

收費常按食宿安排情況分兩類：一類是參會人員食宿自理；另一類是食宿由會議統一安排，會務費中包含招待會（宴會）、茶點、午餐等。按是否有單項收費也分為兩類：一類是與會人員交納了會務費就可以參加所有的大會、分會以及論壇；另一類是一些項目會單獨分開收費，如，參會費：2200元/人。參加×月×日下午「××××」單場專題論壇費400元／人。

（二）冠名費和贊助費

對於贊助商來說，贊助費可以看做是他們所購買的「會議產品」的價格。因此，會議組織方應該根據會議的檔次、與會者的層次、會議的新聞效應等「賣點」，制定出合理的贊助「價格」，為贊助商提供具有足夠吸引力的回報方案。

（三）廣告費

一般，大會的展示廣告位、會場駐地門口的充氣拱形門、會刊、門票等都可以刊登廣告，以取得收入，另外還可以出售邀請參會代表和嘉賓的晚宴贊助權。

（四）出售衍生產品收入

衍生產品包括各種大會出版物、紀念品等等，還可以對整個會議過程進行錄影、錄音和採用文本格式翻譯成各種語言，並存放到一張光盤上，賣給不能參加會議的人員，這樣，既可以擴大會議的聽眾，又給組織者帶來一筆收入。

五、會議產品銷售管道和促銷策略

（一）會議產品銷售管道

這裡所說的會議產品銷售管道（Place），是指向預期客戶推銷會議產品的途徑。

1.直接銷售

即透過郵寄、電話、人員推銷或各種媒體直接向目標市場中的

潛在消費者進行銷售。（稍後詳細敘述）

2.透過會議所涉及的行業協會

某一次會議活動中具體涉及的某個行業的協會，如汽車工業協會、中國包裝協會等，它們通常是作為會議的主辦方與會議公司開展合作的，是會議營銷中需要充分利用的管道。透過它們的組織體系和關係網路來拓展會議銷售，針對性很強，通常具有很直接的效果。

3.透過會議業行業協會

會議業行業協會可以為會議業的成員提供推介和宣傳、統計訊息、教育和培訓服務。

4.透過目的地營銷組織（Destination Marketing Organizition DMO）

各國會展業的情況不同，但一般目的地營銷組織都會在會議營銷中造成很重要的作用，最主要的是它能夠把特定的會議活動融入整體目的地中進行宣傳，這一點在國際性會議的營銷中顯得尤為重要。

（1）會議和觀光局。負責將舉辦地推向市場，宣傳舉辦地優勢，能夠發揮宣傳與營銷的催化劑的作用；創建和保護會議的「品牌形象」。

（2）會議辦事處（或會議處）。是在當地沒有設立會議局的地方而設立的，是當地政府開展旅遊市場營銷活動的從屬部門。其承擔的市場營銷活動與會議局相同，與會議局之間的主要區別是在組織結構和資金來源上。它必須向地方政府部門中的主管和委員會主席彙報情況。在英國一些會議舉辦地如劍橋就設有會議辦事處。

（3）國家旅遊組織。國家旅遊組織由公共部門投資，是負責向國際旅遊界展開對外整體宣傳工作的組織，主要負責市場營銷活動。

會展部門應該十分重視與旅遊部門的合作。在具體實施廣告宣傳時，將地區的會展與旅遊項目結合起來，會展宣傳附帶介紹當地旅遊資源的豐富和吸引力，而旅遊項目宣傳也注重營造本地區適宜舉辦會展的氛圍，這樣可以收到會展與旅遊相輔相成的效果。

5.透過代理和中介機構

代理和中介機構是各種既是提供者又是購買者的不同組織，代表它們的客戶行使購買職能。它們又起著中介人的作用，透過協議來幫助策劃和運作會議活動。如PCO和DMC等組織，都可以利用自己的關係網推進銷售。

6.其他

如諮詢機構、教育機構和研究機構等。它們有可能參加一類「會議形象大使計劃」活動——透過招攬和承辦重大的全國性或國際性會議，幫助感興趣的學術機構或專業人員提升自己的組織和家鄉城市的形象。

（二）會議宣傳資料的設計與製作

宣傳資料在會議營銷過程中起著非常關鍵的作用，它能提供會議的有關訊息，激發人們對會議的興趣。具體說來，其功能有：

（1）強調參加會議的好處，吸引潛在與會者，推介會議的亮點。

（2）提供有關會議策劃和大致框架的訊息，可以讓預備參會的人員做好各方面的準備工作。

（3）提供旅行和到達會議城市後的相關訊息。

（4）得到受眾是否與會的確認訊息。這是會議宣傳資料最基本的功能，潛在顧客是否參加會議往往透過宣傳資料中所附註的註冊表回執來反饋。

常見的會議宣傳資料有宣傳單、折頁、小冊子、VCD以及其他的印刷品。若按照一對一營銷的原理，會議宣傳資料的內容應該因對象而變化。但在實際運作時，為了降低設計和製作成本，會議主辦者往往統一使用一種會議宣傳資料。一般情況下，一份完整的會議宣傳資料應包括以下五點基本內容：

（1）會議的基本情況，如會議主題、舉辦時間、地點、演講人及議程安排等。

（2）高度概括會議能給與會者帶來什麼利益（Customer benefits）。

（3）會議的創新之處。

（4）會議的配套服務項目（含票務、客房等）。

（5）註冊訊息，如會議主辦單位的聯繫方式、提前報名的優惠措施等（一般不要印在反面）。

設計與製作會議宣傳資料時，首先要弄清楚宣傳資料的受眾是誰，他們想瞭解會議的什麼訊息，然後再決定採用什麼風格和突出什麼內容。會議宣傳資料的製作必須以潛在與會者的需求為導向，這對於會議營銷戰略至關重要。會議類型及目標受眾的不同，甚至會議主題的相異，都要求會議宣傳資料不斷做出變化和創新。另外，還有一些關鍵因素需要特別注意：

●合適的長度；

●恰當的習語，避免使用一些難懂的字眼；

●用現在時和主動語氣；

●按照一定的次序進行組織，尊重閱讀的連貫性原理；

●傳達出特定的氣氛；

●充分利用精心製作的圖片來展示；

●聯繫方式要放在醒目的地方。

（三）會議促銷的主要手段

會議產品促銷是向客戶推介會議產品的方式，是說服客戶購買會議產品，以及與客戶相互溝通、建立關係的過程。

1.直接郵寄（Direct Mailers）

如果客戶名錄（mailing list）準確無誤的話，直接郵寄將成為成本最低的方法。會議經營企業的一項重要工作就是建立和維護客戶數據庫。其中，對於名錄的維護，既可以由企業自己來完成，也可以外包給從事名錄維護的專業機構。

值得注意的是，直接郵寄一般需要與電話配合使用，並隨時注意跟進，確保對方收到並關注你的訊息。

2.廣告宣傳（Advertising）

一般前6個月開始廣告宣傳，需要精心挑選各類媒體，並把它們整合到整體營銷計劃中。如果要選擇廣告代理商，應選擇那些對特定產業、會議業以及所要宣傳的會議主題熟悉的代理商。投放廣告的具體途徑有：

（1）透過自己主辦的出版物，如會刊。

（2）透過行業刊物。會議業的行業媒體主要有月刊、雙月刊和季刊等各種形式的雜誌，它們刊登會議業熱點問題的理論、操作技巧、訊息統計報告等，對推動會議行業的發展起一定的指導作用，並且是會議提供者向潛在客戶展開宣傳的重要媒介。

（3）透過會展協會成員宣傳冊。會展業協會一般都編制協會成員宣傳冊，它是在業內擴大會議影響力的途徑之一。例如ICCA在世界範圍內發行《年度會員名錄》；此外還出版季刊雜誌《國際會議新聞》，面向6500個國際性協會和公司類會議策劃者發行。

（4）透過會議所涉及的行業的刊物，以及在目標市場影響較大的報刊。

（5）透過非相關活動的宣傳冊，如對於某位演講人或籌款人的系列報導。

（6）其他聯盟團體，如商會等機構的出版物。

除印刷品廣告外，還可以選擇諸如電視、電話以及包括互聯網在內的電子媒體，另外還有戶外廣告（路牌、街頭橫幅）等。為了成功地傳遞訊息和完成任務，廣告要有衝擊力，強調能夠給與會者帶來的獨特利益，反映會議的主題和形象，便於受眾反饋訊息，還可透過提供優惠券和註明截止日期來吸引人們提前報名。

3.網路促銷（Online Promotiong）

互聯網能使會議公司或會議中心透過網路來創立自己的高品質形象，利用互聯網可以強調互動性，可以創造一個圖解式的、聲像結合的彩色形象。

會展網站是會展業自身具有的宣傳工具，要注重會展網站的建設，充分發揮它的宣傳作用。包括完善自身網站的宣傳工作，為大會建立專門的網址；加大在相關網站（如特定的協會組織網址、舉辦地旅遊訊息網等）的宣傳力度，或採取友情鏈接的方式；在所有的E-mail促銷中，設立與會議網站之間的鏈接；開通在線註冊（Online Registration）來增加與會者人數等。

4.公共關係（Public Relationships）

公共關係的目的在於向受眾傳遞訊息，影響受眾的觀點並激發他們參加會議的興趣。其中，強調激起別人對組織和會議的某種態度或想法，公共關係所傳達的訊息不是來自讚助機構而是來自第三方，對於受眾來說更有可信性。

5.媒體策略（Media Strategy）

這裡的媒體策略主要是針對營利性會議而言的，因為協會和社團會議往往不需要花費很多功夫來處理媒體事務，而媒體也往往對非營利性會議比較支持甚至配合。對於培訓、銷售等營利性會議來說，要使媒體認識到會議的「新聞價值」。

（1）選擇合適的媒體。會議具有很強的「事件性」，能吸引眾多的媒體關注。要充分利用廣播、電視、報紙、期刊和戶外媒體開展廣告宣傳。每種媒體的市場定位和傳播效果不同，要根據目標市場的特點慎重選擇。目前，國內的《中國經營報》、《21世紀經濟報導》、《經濟觀察報》等均刊登不少會議訊息。但對廣播、電視、戶外廣告等其他媒體的利用率不高，還可以進一步挖掘。

（2）吸引媒體注意。瞭解和識別那些在會議活動中能夠給整個社區帶來正面影響的因素，並將這些訊息成功地傳達給媒體。比如，可以利用刊有相關文章的出版物，在公眾中引起轟動；可以適時進行新聞發布，讓報紙等媒體對會議進行跟蹤報導或者發表評論。總之，要抓住一切可以進行宣傳的機會，提高會議的知名度。

（3）與媒體建立密切而長久的個人關係。將訊息盡可能準確地傳遞給那些對本次會議最感興趣的部門或個人，對目標媒體分得越細，與媒體記者進行交流的可能性就越大。還可以尋找、借助盟友，與媒體更好地接觸。

第二節　會議綜合服務

實施會議方案，就是對會議的現場管理，其責任包括：登記註冊與會人員；收集有關訊息；尋求演講者；聯絡場地；必要時解決投訴和紛爭。然而，在實際操作中，會議管理者並不只是被要求管理這些職責，更需要參與到會議的實際進程中。

現在的會議越來越需要高度專業化的管理，因為與會團體往往有著很高的期望，於是，諸如干擾的空調聲、不合意的座位或糟糕的視聽條件等都會給與會人員留下壞印象。比如，會議將使用電腦等高科技手段，那麼僱用專業技術人員將是非常有益的。這雖然涉及一筆巨大的支出，但卻會減少因技術故障而破壞會議形象的風險。實施會議一般包括以下一些工作步驟。

一、建立指導委員會

指導委員會與策劃委員會是不一樣的，指導委員會是在策劃委員會領導下的指導具體工作的機構。指導委員會要解決以下問題：確定指導委員會的目標；選擇指導委員會的成員；確定指導委員會成員的工作標準。

二、促進會議日常交流

一般實施會議前要準備一份會議手冊，它可以發放給與會代表，也可以留給會議工作人員。要明確會議手冊的權威性，只有一定級別的人才有資格對會議手冊作出調整。會議手冊是一份操作手冊，以其中的一頁為例（如表4.2　所示），我們可以發現其實用性。

表4.2 會議手冊中的一頁

會議名稱

日期

地點

會場指導: ____________
事件編號: ________ 負責人: ______
事件名稱: __________
星期: ______ 日期: ______ 時間: ______
地點: __________
會場布置開始時間: ______ 會場開門時間: ______
發言人: ______
介紹人: ______
會場管理者: ______
發放材料: ______
視聽設備: ______
標誌: 門______
講台______
其他______

會場布置

容量: (______)人
類型: 名稱__________
(平面圖)________
水: ____________
菸缸: ______
講台: 水______菸缸______演講台______
麥克風: 類型______數量______
特殊說明: ________________
介紹者的結束聲明: ________________

會議期間要加強會議交流，常用的辦法有：製作新聞簡報；設立公告牌發布日常新聞；在會議活動中發布聲明等。設立訊息中心也是一種好的做法，訊息中心可以提供即時服務、個性化服務，當然訊息中心要採用恰當的形式，安排好相應的工作人員，對緊急情況也要有相應的處理程序。

總之，作為會議組織者，實施會議時，實際上變成了一個幕後角色，透過派一些訓練有素的工作人員為與會者提供服務和指導。但是，正是這種會議服務角色，使得會議進行得流暢和完整，讓與會代表根本不知道幕後發生的事情。

三、會場的布置

在考慮會議室面積時，首要的是預計出席人數；其次要考慮會議室設施以及所需要的視聽設備需求數量和種類。

（一）席位的設置

席位的設置分兩種情況：一種是不設主台場地。按照國際慣例，該類會議席位設置的原則是「右手邊為上為主為大，左手邊為下為次為小」；距離主位越近，其席次和席位越高，反之亦然。另一種是設主台場地。一般來說，會議只要存在兩席以上，就可以分出主席和次席。其設立原則是：面向正門口的位置為主席位。若現場建築複雜或佈局本身就沒有處於面向正門口的位置，可利用花束、椅子、背景、位置的高矮或大小以及在主台或主位上方或後方懸掛的會標、旗幟等清楚、醒目、明確地表達出來。每個席位上要放有該席位主人名字的席位牌，席位牌一般為長方形，上面橫向書寫文字。

（二）會議講台的設置

講台一般有桌式或地面式講台。在講台上要準備好照明固定裝置和足夠長的電線，保證能夠接到電源插口。要確保在頂燈關閉的時候講台照明的電源不會被同時切斷。一般來說，永久性主席台允許安置供演講者直接操縱燈光和視聽設備的控制器。而便攜式講台多適用於臨時性布置，它只要配有音響系統並能夠連接普通電源插口就可以了。

按照國際慣例，國際會議的講話人都應該在另外設置的講台上站著講話。講台一般設置在會議主台前的中心位置或在與主台平行的右邊設置。講台一般為箱式或台式結構，用透明或不透明材料做成，講台設置的數量可以是一個，也可以是兩個或多個，視具體情況而定，如果會議講話者能代表本國家或本地區、本單位的，還應在講台的正面居中位置上懸掛或標貼本國國徽、本地區徽記，以及有關文字。

（三）會議室的布置

最常見的坐椅安排布置方式有四種：U字形坐椅安排，課堂型坐椅安排，劇院型（禮堂型）坐椅安排，會議型坐椅安排。

1.U字形坐椅安排

U字形坐椅安排常用於：會議的主要目的是分享訊息；需要有明確的領導關係；器材需要到達每個與會者；培訓是主要目的；突出多媒體。

U字形坐椅安排的優點是：創造一種團體和平等的氣氛；易於彼此目光交流；易於每個人觀看會議室前面的活動，多媒體演示或演講；個別與會者離開時不會打擾其他人；每個人在桌子上都有足夠的書寫空間；每個人都能方便地聽到看到他人的言行。

U字形坐椅安排的缺點是：占用空間最大，每個人要占40平方英呎以上的空間；為了取得最好的效果，與會人員必須控制在18～24人。

2.課堂型坐椅安排

課堂型坐椅安排通常用於大型團或需要記錄的會議。

課堂型坐椅安排的優點是：適合大型團隊，可以容納多達200人；每個人都易於看到講台；提供每個人3英呎長的桌子就能滿足記錄要求。

課堂型坐椅安排的缺點是：在後排的與會者可能聽不到或看不清發言人；與會者容易疲勞；如果團隊大，會場空間也要相應擴大。

3.劇院型（禮堂型）坐椅安排

劇院型坐椅安排通常用於：大型團隊或200 人以上；演講人與聽眾不需要過多交流；只需簡單的多媒體演示。

劇院型坐椅安排的優點是：容量最大；保證焦點集中在講台；大多數的場所都能提供這種安排的會議室。

劇院型坐椅安排的缺點是：記錄困難；後排的與會者看不清或聽不到視頻演示；個人空間較小，如公文包、手提包等放置不便。

4.會議型坐椅安排

會議型坐椅安排常指一系列字母型（包括U形）坐椅安排，通常使用在小型會議中，團隊規模5～20人，會議目的是解決問題，要求一種緊湊的會場安排，有會議的主持人。

會議型坐椅安排的優點是：便於與會者相互看到聽到並進行交流；依靠坐椅的安排創造一種團隊和整體的氛圍；主持人便於掌控。

會議型坐椅安排的缺點是：不易於自由交流和溝通；經常性的這種安排會形成一種等級觀念；如果需要多媒體演示，某些與會者就要扭動身體才能觀看。

桌椅的設置要符合人類工程學的原理。會議有時會持續很長的時間，與會者需要一直集中注意力，因此桌椅要使與會者感到舒適是最重要的。桌子一般的標準高度是60公分。寬度最好能夠隨意組合。布置時以座位間隔令人舒適為原則。椅子有扶手椅、折疊椅等各種類型，要根據會議需要的情況來選擇合適的高度和樣式。

（四）場地的氣氛布置

主要包括會標、標語和國旗的懸掛，會標必須醒目、鮮豔、寫全稱，字體要規範、端正大方。一般懸掛於主場地正中或主台正上方。標語可以是清一色的，也可以是五彩繽紛的。按照國際慣例，國旗的懸掛標準為橫掛，否則會被認為是掛錯了。

（五）飾物的布置

會議場所還要布置一些綠色植物和花卉。綠色植物多為一年四季常青的灌木類，一般放在會議的主台後面或背景前面，以及會議場所的四周。花卉包括盆花、時花、鮮插花、乾花、塑料花等；一般放在綠色植物的前面、主台桌子的前面、主台桌面上和場地通道周圍及場地周圍等處。主台桌子前面地上擺放的花卉高度以低於桌面距離約20～30公分的高度為佳。

（六）設施布置

1.音響設備

音響設備是大多數會議室都必須配備的。音響系統必須保證演講者在使用時不出現尖鳴或聲音失真等現象，並要使所有與會者能夠聽得清楚。

麥克風是最普遍的音響設備，一般有微型麥克風、手持麥克風、固定桌面麥克風、落地麥克風、漫遊式麥克風等種類，適合不同的需要。在使用各種麥克風時，要確保只從說話人一個方向採集聲音，排除從其他方向和麥克風後面來的背景噪音。可以使用多孔表面的擋風，以降低出現吹氣聲和砰砰聲等雜音的可能性。使用無線麥克風最易受到訊號干擾，所以應該在可能移動到的每個部位都做一下試驗，以免訊號透過臨近的擴音器傳出。

揚聲器要合理地分配到合適的位置，以保證整個會場中沒有聲音「死點」。當它與投影設備共同使用時，應該與屏幕放置在一處。研究表明，當聲音和圖像來源於同一方向時，人們的理解力較好。

在使用多個麥克風或者會議過程需要錄音時，應設專人控制調音台。調音台能夠隨時提高或降低每個輸入聲音的音量。調音台最好放置在觀眾席中，以便調音師能夠確切地和觀眾聽到相同的聲音。

2.放映設備

（1）屏幕。屏幕有多種類型，比較常見的有尺寸較大的速折式屏幕，它可以使用的時間較長，而且相對投資較低；還有牆式或天花板屏幕，可以用鉤子或繩子安裝在牆壁或天花板上，價格不貴，並且帶有金屬套管，便於儲藏；三腳架屏幕可以永久性地裝到可以折疊的三腳架上，因而可以被放置在任何地方，具備重量輕、便於攜帶、用途廣泛以及價格低等特點，特別適用於小型會議；白色玻璃屏幕寬度很大，可以提供更大角度的穩定亮度，在座位與屏幕形成大角度的小廳室很適用。屏幕的選擇要考慮鏡頭的焦距、放映機的距離等，其大小取決於房間的高度，安放位置、角度都要合適，才能保證良好的視覺效果。屏幕擺放有兩條原則：5英呎原則和1×6原則，即從屏幕底端到地板的最小距離是5英呎，人的座位距離屏幕最近不少於屏幕寬度的一倍，最遠不能超過屏幕寬度的6倍。

（2）幻燈機。現代的幻燈機可以用無線遙控裝置操作，可以與同步錄音帶相連，可以用電腦編程製作多影像產品，還可以與分解器同用。但與錄影相比，幻燈機的移動能力有限，而且風扇的聲音會打擾人。幻燈機鏡頭通常是4～6倍變焦鏡頭，但如果是在更遠的距離內投影，應該備有更大的鏡頭。

（3）背射式投影。這種投影設備的主要優點是觀眾看不到任何投影設備，不再需要設置過道，演講者能夠有更多的活動自由；圖像看上去好像不來自任何地方，因此使得演示顯得更加戲劇化，效果比較好。其缺點是需要在一個屏幕後有一個幾乎是全黑的投影區；如果屏幕後空間有限，則需要一個更昂貴的廣角鏡頭。

（4）高射投影儀。在會議室中，高射投影儀的需求量一般比較大，其相對價格較低，很少出現故障，而且可以在亮的房間裡使用。其使用的透明膠片可以在複印機上迅速複印，使用簡便。使用高射投影儀時，演講者無須看屏幕，在投影儀上就可看到與觀眾看到的完全一樣的影像。這樣他就能面對觀眾並保持目光交流，以便能激發觀眾的反應。在演示過程中，演講者可以透過在透明膠片上做標記來控制演示。這種設備的缺點是內置式風扇的噪音會成為干擾因素，而且其再現的顏色有限。

（5）錄影投影儀。除了人數很少的會議外，看錄影帶都必須使用錄影投影儀。錄影投影儀的優點是有立即重播的能力，擁有動感和色彩，可以用錄影展示電腦上的訊息，但是設備比較昂貴。錄影設備要特別注意兼容問題。尤其是在國際會議場合，很多演講者來自國外，而各國的錄影帶標準常常不同。

（6）VCD／DVD放映機。用於放映光碟，其功能可以取代錄影機。這些設備自身體積小，操作方便；而且使用的光碟體積也小，但卻可以壓縮大量的圖文、聲像訊息；清晰保真，價格也不貴。

3.同聲傳譯

同聲傳譯是目前國際上普遍採用的譯音方式。除了紅外線譯音之外，有時也使用有線譯音和無線譯音。一般，口譯員在隔音的小隔間將演講者所說的內容透過無線耳機翻譯給與會人員。同聲傳譯使與會人員在某個特定範圍內能聽到他們選擇的語言，並且能夠在不同語言之間來回轉換。隨著會議活動越來越國際化，會議中心提供同聲傳譯是必須的。儘管同聲傳譯在設備（隔音的小隔間、耳機、天線或紅外線發射器）和人員（口譯員、技術員）方面成本都很高，但隨著國際會議市場的不斷增長，更多的會議主辦方會需要這種服務，有能力提供這種服務的會議中心會在這個利潤豐厚的市場上贏得更多的市場份額。

4.多媒體投影儀

它是一種可以與電腦連接，將電腦中的圖像或文字資料直接投影到銀幕上的儀器。其特點是：一方面，無須將電腦中的資料影印出來製成幻燈、膠片等，節約成本，減少中間環節，使用快捷；另一方面，具有動感，需要修改或強調時直接用電腦操作，觀眾立即可以看見。多媒體投影儀體積小，搬運、安裝、儲藏都很方便，它的應用在某種程度上已經可以代替傳統的幻燈機、投影儀、白板、錄影機等，能夠減少投資，並使對客服務更快捷。但是必須要有與之相匹配的投影銀幕和電腦設備。在會議開始之前一定要做好電腦的連接以及與銀幕的距離調試，保證投影效果清晰不變形。

5.其他演示設備

（1）配套掛圖和黑板。價格低廉，占據很少的座位空間，對「腦力激盪法」和培訓會議很理想。但是其使用只能侷限於很少的觀眾，並且常常容易使操作場所變得髒亂不堪。

（2）白板。與粉筆板相比，白板更為清潔和方便。它既可用作即席的投影螢幕，又可用於演示，便於隨時閱讀和改寫；電子白板更為方便，它能重現書寫或放映的所有內容，便於複製，避免了大量記筆記給與會者造成的注意力干擾；雙向電子黑板是白板的另一技術進步，它能將書寫在上面的資料透過電話線發送給另一張板。

（3）電視大幕牆。它適用於大型會議，演示的圖像大而且十分清晰，色彩鮮豔，聲音效果好，具有質感，還能同步播放現場會議情況。但它只是一個擴大的電視螢幕，體積龐大，安裝和搬運不方便。不過隨著科技的發展，如今的電視大幕牆漸漸趨薄，重量減輕，功能逐步增加。

（4）影片點播系統。其主要功能是透過局域網在會議中心各主要空間（如國際會議廳、多功能廳等）舉行的各種國內、國際會議及集會上，提供影片資料及節目的即時點播和直播；還可以在主要公共空間擺放的觸摸屏上實現影片節目的點播（如可點播MTV、產品介紹、企業電視廣告片及其他音像資料等）。

（5）可視電話會議。可視電話會議能夠提供全動感、面對面的網路工作，是最為昂貴和複雜的電話會議。它透過開發電腦、電視和電話功能並使之互相匹配來同時傳輸聲音、數據和圖像，能夠將彼此距離很遠的多個會議室連接起來，實現「面對面」的交談，適合於召開各種會議和現場交流。設置這一設備系統需要購買或租用衛星上的行鏈路系統，儘管這個過程需要大量的投資，但是很多會議中心還是認為值得。因為電話會議能夠成為昂貴的旅行和住宿的可行的替代品，它們預期此項投資能帶來比較大的收益。

以上的關鍵設備有麥克風、音響、燈光、空調等。音響設備一般應準備兩套，一套做正常使用，另一套以備急用。正常情況下，麥克風設置的高度最好不要超過講話人的肩膀位置，尤其是立式麥克風更是如此。音響設備要求具備多路的同聲傳譯系統，可同時翻譯多個國家的官方語言，在數量上應能滿足需求。

場地內的燈光要有足夠的亮度，尤其是照射在會標、標語、國旗上和桌面上的燈光。值得注意的是光線不可直射與會人員的眼睛。會議室照明對於會議的效果和氣氛有著很大的影響。大部分新型的會議室都有完善的燈光設備。會議室基本照明設備的種類有射光燈、泛光燈及特殊效果燈，有時還會用舞台燈和聚光燈來突出講台上的演講人。室內燈光的調光器是會議室內必要的裝置，可調節光線裝置顯然要比簡單的開關鍵更適合會議活動的需要。當人們演講時，透過調光器提供局部照明可以提高螢幕上的畫面清晰度。也可以設置頭頂暗光燈開關，以便使觀眾在看清螢幕上投影的同時，能夠記筆記。照明方面的技術細節應有專業人員負責。會場服務人員也應對燈光設備的使用有足夠的使用知識。在每個會議活動開始前一定要做好燈光調試工作。

與會者集中在會議室封閉空間內，會議室的空氣狀況影響著人們的健康和心理感受。因此，要時刻保證室內通風良好，空氣質量良好。

一般要求會議室淨高不低於4公尺，小型會議室不低於3.5公尺；室內氣溫一般夏季為24～26度，冬季為16～22度；室內相對濕度夏季不高於60%，冬季不低於35%；室內氣流應保持在0.1～0.5公尺每秒，冬季不大於0.3公尺每秒。

會場的設備，如燈光、音響、投影儀、同聲傳譯、多媒體、視聽設備等都要請客戶現場考察。

（七）會場

對於特定的會議活動，確定合適的會議室面積時要考慮的因素有：預期出席人數、佈局、所需視聽設備數量和種類、放置衣架及資料的空間，等等。

會場要確保有足夠的面積，常規要求視聽空間保持在1.5倍的面積空間，劇場型為0.75～0.95平方公尺/人；課桌型為1～1.2平方公尺/人（估算）。視覺空間要做到2：8原則，即代表面對螢幕，第一排平視的高低不低於螢幕的2倍；最後一排不高於螢幕的8倍。同時考慮好地毯、牆布的吸音效果，以及會場窗簾的避光效果等因素。

會議室的高度會制約投影螢幕的高度，影響放映機的距離和座位安排，在確定天花板高度時不但要考慮其本身的形狀，還要考慮到吊燈、裝飾物等；會議室牆壁的隔音效果要好；在木質、瓷磚的地面上走動會發出聲音造成干擾，因此會議室需要鋪地毯；柱子嚴重影響座位數量與視聽設備的設置，如果會議室有柱子，要合理安排座位佈局，使它們不至於遮住與會者的視線。

四、會議期間的執行工作

（一）會議的註冊報到

指與會代表到達會議舉辦地之後，應向有關機構登記報到。代表的註冊報到一般在會議舉辦場所或代表下榻的酒店進行。對於國際會議而言，主要採用的是後者。註冊點必須有清楚的標記，以便與會人員一到酒店就知道到哪兒註冊。註冊地點的標記應該至少高出地面2.44公尺，以便越過註冊桌位前面的人群仍然可看見上方的標記。對於大型會議，應該派一兩名工作人員守在入口處負責接待，簡單問候之後，接待人員將與會者引入註冊地點。註冊一般應安排在會議正式召開的前1～2天進行。

註冊報到既可以造成限制會議規模的作用，同時還具備迎賓和提供訊息的功能。報到處通常分為三個部分：文件包領取處，代表可在這裡獲取諸如會議活動安排表，會議目的及目標的介紹，各類代金券以及會議發言人員介紹等詳細資料；正式報到處，代表交納會費，並領取代表證；旅遊和特別服務辦理處，代表可諮詢相關城市觀光、地方景點參觀及類似服務。會議的註冊報到是會議舉辦方留給與會者的第一印象，對於會議後續工作的順利進行起著舉足輕重的作用。

要想做到現場註冊速度盡可能快，要做好四個方面的工作，一是註冊材料的準備要充分；二是盡可能早地讓所有會議代表瞭解現場註冊的程序；三是註冊台搭建要合理，要保證足夠大的註冊空間；四是註冊現場的分工要明確，各負其責，同時要求現場註冊的工作人員要有豐富的經驗，人員要充裕，並隨時保留有一定數量的機動人員。

（二）入場

一些重要的國際會議要求與會者透過與機場安檢一樣的安全門，參會人員應按要求準時到達，提早到達的應在附近等候。在主台就座的人員可入休息室等候，由會務人員引導進入主台席位。有條件的還可將不同國籍的參會人員分別安排不同的休息室。除特殊情況外，主台人員入席的順序按席位高低，最先入席者為席位最高者，退席也是席位最高者率先退出。

（三）開始

等參加會議的人到齊或會議開始的時間到了之後，由支持人宣布會議開始，會議按擬訂計劃進行，並做好記錄。會議記錄還包括錄音和拍照。

五、特殊事件處理

（一）記者會的安排

有些會議除了在會議前定期發布大會新聞稿之外，還會召開會前和會議期間記者會，以加強新聞發布及宣傳的力度。會前記者會一般在會前兩三天召開，因為這樣可以在會議開幕前一天或當天報導與會議有關的消息，如果把會議議程及相關活動資料發給媒體，媒體瞭解之後可為會期中的採訪及記者會做準備。

（二）緊急事件的處理

（1）緊急醫療：有些與會者可能因為飲食與環境改變、喝酒、睡眠不足、疲勞等原因在會議期間生病。根據以往經驗，比較可能發生的是心臟病、中風和其他一些對生命造成危險的疾病。因此有必要根據與會者平均年齡、活動範圍和過去會議經驗制定緊急醫療計劃，如建立緊急醫療系統、會場義務室等以應對突發的緊急醫療事件。

（2）衛生問題：衛生包括飲食衛生和環境衛生兩方面，其中餐飲衛生對會議主辦者來說是最大的挑戰，所以要謹慎選擇合作對象，萬一因食物不潔出現問題而造成腹瀉或食物中毒，將造成無法彌補的損失，主辦者的形象也會因此大打折扣。

（3）火災：要使每個與會者都知道在活動中遇到火災的逃生技能，飯店有責任告知客人逃生的步驟和方法，但是，會議主辦者與承辦者扮演著更重要的角色，有責任保護與會者並提供相關方面足夠的資料，並嚴格做好場地檢查，熟悉安全措施。

（4）盜竊：在會議期間發生盜竊事件會給與會者留下不良印象，因此在重要的會議尤其是國際會議期間，地方政府應加強警力，避免發生盜竊事件。同時應以書面材料告知與會者注意做好安全防範工作。

複習思考題

一、填空題

1.會議的主題必須以______為切入點，在此基礎上確定這種生活方式所代表的核心思想，提出吻合______主題，並以主題號召、聚集、激發、引導消費。

2.在定價過程中很重要的一點是分析目標群體的______，也就是分析會議產品對不同目標市場的______。

3.會議產品促銷是______的方式，是說服客戶購買會議產品，以及______的過程。

4.在考慮會議室面積時，首要的是______；其次要考慮______以及所需要的數量和種類。

5.註冊報到既可以造成限制會議規模的作用，同時還具備______功能。報到處通常分為三個部分：文件包領取處，______；正式報到處，______；旅遊和特別服務辦理處。

二、選擇題

1.不同會議營銷對象的營銷重點不一樣，如果營銷對象是政府、協會及公眾，那麼營銷重點在______。

A.新聞價值　　B.效應

C.服務、安全和報酬　　D.學習和體驗

2.下列屬於會議成本的變動成本的是______。

A.視聽費租用費（如家具，設備與燈光）

B.貸款利息或透支

C.場地設施費

D.會議裝備（如文件夾，徽章等）

3.由公共部門投資、負責向國際旅遊界展開對外整體宣傳工作的組織是______。

A.會議和觀光局　　B.會議辦事處（或會議處）

C.國家旅遊組織　　D.教育機構和研究機構

4.下列哪種會議室的布置適合大型團隊，可以滿足多達200人，每個人都易於看到講台______。

A.U字形坐椅安排　　B.課堂型坐椅安排

C.劇院型（禮堂型）坐椅安排　　D.會議型坐椅安排

5.下列哪項不屬於會議緊急／危機事件的項目______。

A.火災　　B.註冊報到　　C.衛生問題　　D.盜竊

三、問答題

1.簡述會議產品吸引力要素有哪些？

2.會議產品定價要考慮哪些因素？

3.會議產品銷售管道有哪些？

4.會議產品促銷手段有哪些？

5.會議綜合服務工作內容有哪些？

6.會議室布置方式有哪幾種？

7.會議期間的特殊事件包括哪些？

第五章　會議總結和評估

◆本章重點◆

透過本章的學習，瞭解關於會議評估的相關概念，評估所使用的方法，評估工作的實施過程，實施過程中應該注意的具體事項。

◆主要內容◆

● 會議總結

會議總結與評估；客戶回訪；表彰會

●會議評估

會議評估原則；會議評估內容；會議評估主體；會議評估方法；會議評估程序

會後總結是會議管理工作的組成部分，總結的功能作用是透過統計整理資料，研究分析已做過的工作，為未來工作提供數據資料、經驗和建議。會議的評估工作包括：會議主題同與會者的關聯度；會議內容是否多元化；會議結構；與會者的參與度；會議設施的使用情況；會議整體議程結構的安排；會議取得了多少實質性進展；同預期效果相比，還存在哪些差距；其他與會者的反應。因此，總結評估對經營和管理有著重要意義和作用。

第一節　會議總結工作

這一階段的主要工作包括：會議總結與評估，客戶回訪和感謝相關人員。

一、會議總結與評估

會議一旦結束，應該立刻進行評估。可以調查與會人員對場地、進程和工作人員的適宜性和評價來獲取反饋訊息，這些訊息對於分析會議成功與否起著關鍵作用，對計劃將來的會議也很有幫助。在評估過程中可參照如下訊息：數量訊息（Quantitive Information）；質量訊息（Qualitive Information）；與會者人數；出席統計；財政報告與帳目；收支平衡表；與會者感覺；調查表；採訪記錄；工作人員回饋；管理筆記與評論；社會影響分析；社會收益平衡表。

一般會後總結分三部分：①從籌備到開會中的各項工作總結；②效益分析和成本核算；③本項目市場調查，如本次會議在市場同類項目中所占的市場份額、優劣勢比較、競爭情況等。

評估工作的作用和意義在於為判斷已做過的所有工作的效率和效果，並為提高以後工作的效率和效果，提供依據和經驗。目前在國外，有許多專業的服務公司，如顧問公司、評估公司等，專門為會議主辦單位評估服務。主辦者投入了相當多的人力、物力和財力進行籌備工作，每次都會有很多寶貴的經驗和教訓；系統地評估，如，對成本效益的評估、對宣傳質量效果的評估、對主辦單位是否具有預計的號召力的評估等，將有助於發現問題、改進工作和提高效率。

二、做好客戶回訪工作

會議結束不久，與會代表對會議的印象仍在記憶中，如果此時抓住機會，深入與客戶發展關係就比較容易。記憶是印象的延續，印象是在會議上留下的，記憶是可在跟蹤服務工作中加強的。跟蹤服務做得越早，效果就越明顯，如果在會議閉幕後不迅速聯繫，目標客戶就會失去在會議上產生的熱情，這也就意味著將失去這些客戶，因此要做好客戶回訪工作。

三、召開總結表彰會

感謝工作的對象是所有的會議參加者、重要的支持單位、合作單位以及曾給予大力支持的媒體。對於重要的客戶，可以採取登門致謝，甚至透過宴請方式表示謝意。

表彰會議服務人員。會議服務是一項複雜的系統工程，會議公司、酒店等各部門都可以開展表彰。

做好媒體跟蹤報導，主要包括對會議進行回顧性的報導，將有關情況、有關的統計資料數據，提供給新聞媒體宣傳，進一步擴大會議的影響，如會議的各類統計數據：會議參加人數、專業含量和觀眾的反饋意見等。

第二節　會議評估

透過會議評估，會議承辦者可以瞭解會議舉行的大致情況，即，會議進行得如何，與會者從會議中得到了什麼收穫。透過評估所得到的各種訊息和數據，可以找出會議策劃中存在的問題，從而指導以後會議的管理實踐。

一、會議評估的原則

1.實事求是的原則

會議評估必須從實際情況出發，反映真實情況。如果評估過程失去了真實性，那麼就失去了評估的意義。

2.客觀公正的原則

這要求參與評估的人員以實事求是為前提，對自己所參與的評估項目作出客觀公正的判斷，使得評估工作更具意義。

3.成本效益的原則

會議評估的策劃必須要考慮成本和效益這兩個問題。開展評估工作時要考慮到具體的會議，選擇適合的評估方案。

4.規範化的原則

會議評估方案的制定、評估工作的實施、訊息和數據的收集整理過程必須規範化，以保證評估結果能更好地反映真實情況。

二、會議評估的內容或項目

由於會議管理涉及的內容較多，所以會議評估的項目也非常寬泛，不同的評估內容能夠帶來不同的評估效益。

（一）主辦者和承辦者

對會議主辦者和承辦者的評估可以得到關於其表現的有價值的反饋訊息。會議的成功並不能完全說明承辦者的表現。承辦者可能舉辦了一次成功的會議，但是卻付出了大量的成本和社會關係作為代價。另一方面，承辦者可能出色地完成了自己的工作，但卻發生了一些在其控制之外的惡性事件，如會議地點工作人員的違規收費等。對其進行評估可以更好地發揮領導作用。

對會議主辦者和承辦者的評估可以具體從其機構工作職責進行

評估。（表5.1）

表5.1 主辦者和承辦者評估內容

名　稱	組成及職責	評估內容
策劃委員會	一個對會議負有某些責任的團隊，通常由主辦組織內部成員構成。組建策劃委員會的原因之一在於確保會議的創意和策劃是集思廣義的結果。	委員會是否有效發揮了作用？委員會是否清楚自己的職能？委員會的工作結果是否令人滿意？
指導委員會	設立指導委員會的目的是為了給會議承辦者在會議進行過程中提供一個反饋機制，並在需要對會議策劃進行改動的時候，使承辦者能和一些與會者一同商議。指導委員會只對多日會議有用，因為在這些會議上，有可能需要對會議策劃作出一些改動和調整。其成員在會議開始前就確定，而且是由一些在主辦組織中占有突出地位的與會者組成的。	指導委員會的成員是否對自己的職責有所準備？他們在會議過程中作出那些決定？他們是否得到了來自與會者的推薦？他們與承辦者合作的如何？
秘書處	設立秘書處的目的是為了做好輔助的服務工作。其成員在會議開始前就確定。	秘書處是否安排了足夠的人手？哪些有需求的服務沒有被提供？哪些問題沒有得到解決？秘書處的職責如何改進？

（二）會議主題相關性、目標明確性和整體策劃

與會者在會議主題相關性方面的反饋意見將對以後會議主題的策劃有很大幫助。對會議目的明確性的評估有利於制定以後會議的目標。對整體策劃的評估是一個重要的評估內容，涉及會議舉辦的時間是否適合，整個會議的長度是否合適，會議的流程是否合適等問題。

（三）會議地點

會議地點的選擇往往會影響與會者的參與度，會議地點的物質條件——設施、環境和工作人員，對會議的成敗起著關鍵作用。評估時需要考慮的問題是，飲食服務、住宿條件是否令人滿意？會議地點的工作人員是否對與會者有幫助？這個地點是否適合本次會議？

（四）市場宣傳

對市場宣傳的評估可以知道哪些市場策略是有效的，哪些是無

效的，以及直接郵寄材料或在印刷媒體中做廣告的有效性，並從與會者和服務提供商那裡得到一些關於以後會議宣傳的有益建議。

（五）公共關係

透過會議期間的採訪次數和新聞報導數量來判斷公關工作的效果有一定的道理，但是還應該對所有的公關工作進行全面的評估，並提出一些改進的意見。評估中可以涉及的問題包括：媒體人員是否參加了會議？媒體對會議的接受情況如何？公關活動中是否有發言人和與會者參加？

（六）會議預算

對會議預算的評估是一個重要的項目。預算與實際開銷之間的差距值得人們仔細的研究、分析。評估中要考慮差距如何，以及預算是否考慮到了所有項目的開銷等問題。

（七）發言人

在每場會議結束後，與會者可以對發言人的發言進行評估。如，表5.2 是一份設計簡短、具體而且容易填寫的評估問卷。

表5.2 會議評估問卷示例

會議編號__________發言人__________

1.發言人的講話:(以下請勾選)

精彩_____很好_____一般_____很差_____

2.會議的目的是否明確? 是_____否_____

3.會議是否達到了目的? 是_____否_____

4.你是否推薦再次安排類似會議? 是_____否_____

5.評論__________

（八）會議交通

在對會議交通進行評估時要涉及兩個問題。第一是往返會議的交通。第二是在會議過程中的短途交通。如果會議提供了多種形式的交通服務，那麼就可以在評估中提一些相關的問題。比如交通服務安排得如何？交通服務是否與會議公布的日程緊密相關？運送服務的質量如何？哪些需要的交通服務沒有被提供等等。

展覽有的時候是會議的一個重要部分，對其進行評估也是十分必要的。與會者可以就展覽和會議與他們需求的相關性作出評價。參展商也應該有機會向會議承辦者提出反饋意見，因為以後的會議可能還要與他們聯繫。對展覽的評價可以考慮的問題有：展覽的地點在哪裡，是否方便與會者達到？與會者是否用到了展覽？展覽與會議的整體策劃有什麼聯繫？

三、會議評估的主體

（一）會議主辦者評估

經常主辦會議的組織通常在組織內部有專門的部門來負責會議評估的工作，例如，主辦者可能會把評估的工作交給自己的人力資源部門負責；或者在舉辦會議期間，組織專門的評估小組，負責會議的評估工作。

（二）外包給專業公司評估

這樣做的成本比較高，專業公司可能需要從策劃階段開始參與會議的整個過程，同時要在會議過程中做一些現場的工作。

無論是自評還是外包，都有以下類型的會議評估參與者：策劃委員會；指導委員會；與會者；發言人；承辦者；祕書處；會議地點工作人員；服務供應商；參展商（如果會議中包括展覽的情況下）。

對於前面所列的評估項目，並不是每個參與者都必須對所有的評估項目發表意見。例如，策劃委員會不必對指導委員會發表意見，因為後者開始行使職能的時候，前者的工作已經結束了。與會者通常不對承辦者作出評估，除非他們在會議過程中經常接觸到他。會議地點的工作人員通常不需要對主體相關性作出評估，等等。（會議評估關係如表5.3所示）

表5.3 評估圖

	策劃委員會	指導委員會	與會者	發言人	參展商	秘書處	承辦者	會議地點工作人員	服務供應商
承辦者	•	•		•	•	•	•	•	•
策劃委員會		•	•	•	•	•	•		
指導委員會			•	•	•	•	•	•	
秘書處	•	•	•	•	•		•	•	•
主體相關性			•						
目標明確性			•						
整體策劃		•	•	•	•				
相關活動		•	•	•					
會議地點	•	•	•	•	•	•	•		
市場宣傳	•		•	•	•	•	•		
公共關係	•	•	•	•	•		•		
預算	•	•				•	•		
發言人	•	•	•			•	•		•
交通	•	•	•	•		•	•		
展覽	•	•	•		•	•	•	•	•
註冊	•	•	•	•	•	•	•	•	
與會者手冊	•	•	•	•	•	•	•	•	•
娛樂活動	•	•	•			•	•	•	
休息	•	•	•	•		•	•	•	
招待會	•	•	•			•	•	•	
陪同人員	•	•	•	•		•	•	•	

四、會議評估的方法

（一）問卷評估

最常見的評估方法是使用問卷，在設計問卷的時候要注意以下問題：

（1）對於不同的參與者必須設計不同的問卷內容，對於不同的評價項目應設計不同的問卷形式和內容。

（2）在封閉型問卷中，回答者通常只能選擇「是」或

「否」，最好不要使用如「不知道」、「不清楚」等這類選項。封閉型的問卷還可以使用不同程度的選項，如從「精彩」到「很差」，為回答者提供彼此沒有重疊的選項，通常設置偶數個選項（一般4個或6個），以防回答者選擇最中間的選項。

（3）開放型的問卷要求回答者寫出答案。這可能需要時間，有些回答者可能不願意投入太多的時間，或者表達上有困難，這時可以結合兩種問卷一起使用。

（4）不同的會議要突出不同的評估重點，通常要根據會議的類型、內容、規模等方面來考慮評估的重點。

（二）採訪評估

評估的另一種方式是使用採訪的手段，採訪既可以是提出正式的問題，也可以是開放型的採訪，使用比較寬泛的問題。這種採訪需要經驗豐富的採訪者，而且需要大量的時間，不過可以得到一些與問卷不同的數據。有些與會者喜歡採訪的方式，因為可以充分地表達自己的觀點。但沒有必要採訪所有的與會者，而且使用一些技巧就可以得到足夠的樣本。

值得注意的是，對於小型會議可以採用問卷或採訪，從所有的回答者那裡收集數據，但對於大型會議的評估來說，要採訪或者要求所有的與會者作出評估，是不大可能的事，所以在這種情況下要運用一些取樣的技巧。大型會議可以用問捲來收集數據，但在分析結果中應顯示出回收的問卷與全體評估人群之間的比例。

五、會議評估的程序

（一）確立評估目標

會議評估的主要目標是瞭解會議舉辦的效果和效益。在進行會議評估時應該根據會議舉辦的目的確立評估的具體目標和主要內容，並依據評估目標的主次，排列優先評估內容或重點評估的次序。並不是每個會議都需要對表5.3中所列的評估項目進行評估。

（二）選擇規範的評估標準

評估時應該根據會議舉辦目的確定評估標準的主次。劃定評估標準的主次以後，還應該使其規範化。評估標準的規範化是指評估標準必須明確、客觀、具體、協調和統一。量化評估標準，使之具體化、可操作性強；評估標準之間協調並能長期統一，可使評估結果更為準確。

（三）策劃評估方案

任何形式的評估都需要一定的預算，所以在制定方案的同時，要考慮到評估所需的預算的大致範圍，以便權衡方案所能帶來的機會和侷限。有些小型會議，可能沒有必要採取大規模的耗費資金的評估方案；有些分配給會議評估的預算可能比較少，原因在於評估結果到會議結束之後才能得出，而評估對會議本身不會產生任何影響，因此承辦者有時可能不願把足夠的資金投放在評估上面。所以要根據具體的會議採取具體的評估方案。制定評估方案應包括以下內容：

（1）根據評估項目、對象和方法制定評估方案，明確人員分工，安排各項必要措施。

（2）設計製作各種測評問卷及情況統計表，如參展商問卷調查表、觀眾問卷表和展覽會舉辦情況統計表等。

（3）小範圍預測，修改測評問卷。

（4）對測評人員進行培訓，考慮測評困難及問題，制定防範措施。

（四）實施評估

進行評估的時間將影響到反饋的情況。對於評估時間的選擇要視不同情況而定。如果評估的目的是看與會者是否從會議中有所收穫，那麼評估就要等與會者有足夠的時間將從會議中得到的收穫應用於實踐之後，才能進行。這就要求做些會議的後續跟蹤服務工作。如果評估的目的是想知道與會者是否在會議中得到了樂趣，就應該在會議結束後立即要求他們提供反饋訊息。

對於公司主辦的會議，參與會議評估可能是命令性的，但對於協會組織主辦的會議和公眾大會來說，必須採取一些激勵措施來吸引與會者參與評估。各場會議的介紹者或會場管理者可以經常提醒與會者填寫評估表格；或者可以在與會者交還表格的時候得到抽獎樂透，會議結束的時候將舉行抽獎；還可以在與會者參與評估後贈送一份小禮品。

對於小型會議，可以安排一名或幾名會場管理者或職員守候在會場的各個出口，在與會者退場時收集評估表格。另一方法是在會場或大廳中設立回收箱。一般，評估表格可以包括在與會者材料包中，在各個會場現時發放，或者在與會者註冊時發放。在會議評估中要注意的細節問題如下：

（1）在會議結束時當場收回評估表格有一個重要的缺點：對會議不滿的與會者可能在會議結束前就已經離開會場了。這樣，他們的不滿就沒有被算入評估數據中，從而得到了扭曲的評估結果；在會議結束幾天或幾週後再請與會者提供反饋意見得要求他們進行回憶，而會議結束後發生的許多事情可能使他們很難回想起某場具體的會議，也就無法作出評估。另外，回答者可能根據自己的主觀感覺對各場會議作出評估。比較而言，可能還是在會議結束後立即請與會者提供反饋意見較好，儘管這樣他們的意見可能受到光環效應的影響。

（2）有些與會者在會議進行的中途才來到會場，所以他們作出的評估可能不如聽到了整場會議的與會者的意見那麼有價值。為了將這些與會者進行區分，需要做的工作不僅僅是提供足夠的評估表格，而應將這些表格進行區分。

閱讀資料：「光環效應」

對於單場會議，如果在與會者還沒有離開會場前立即進行評估可能受到「光環效應」的影響，數據反映出的更多是與會者對會議的感覺，而不是從會議中得到的收穫。發言人可能在會議上講了有趣的故事或者使用了具有喜劇性的視聽設備，從而使與會者受到熱烈氣氛的感染。雖然評估表格可以用比較慎重的措辭來儘量減少這種影響，但是與會者的回答還是更傾向於他們當時的主觀感覺。如果在某場會議後一天或幾天再進行評估時，與會者可能作出完全不同的回答。這時與會者的感覺將在某種程度上被對會議主題的客觀看法所取代，他們的反饋可能仍然是正面的，但其中的原因已經不同了。

資料來源：（美）倫納德·納德勒《成功的會議管理》。北京：機械工業出版社

（五）評估數據分析

有關評估的工作人員應將收集到的數據整理，並加以分析。有時候會議的主辦方和承辦方也應該一起參與評估結果的分析，因為評估的結果能為他們帶來重要的參考價值。數據分析時可以結合定量的和定性的分析方法，一些結果可以用圖形或表格表示出來，也可以用統計學加以分析。透過對數據的分析研究，找出會議中所存在的問題。

會議評估反饋結果的兩個主要用途就是總結本次會議，以及為以後的會議提供參考。同時，會議總結中，還需要考慮橫向和縱向

的比較總結。所謂橫向的總結，是指同類主題，在不同地點召開的會議之間的比較；所謂縱向的總結，是指和歷屆同類會議之間的比較。根據評估所得的數據之間的差異，可以更好地總結本次會議收益得失，優點不足，從而更好地指導下一次會議的策劃與管理。

（六）後續工作

後續工作或者說是跟蹤服務，主要形式有直接郵寄、電話回訪、個人拜訪等。直接郵寄主要是郵寄一些會議評估的總結資料，以及下次會議的訊息材料；電話回訪、個人拜訪主要是針對一些重要的與會者。做好後續工作，可以更好地總結會議工作，並為下一次的會議召開做好準備。

複習思考題

一、填空題

1.一般會後總結分三部分：（1）從籌備到開會中的各項工作總結；（2）效益分析和成本核算；（3）______，如本次會議在市場同類項目中所占的市場份額、優劣勢比較、競爭情況等。

2.會議評估的原則有實事求是的原則、______的原則、______的原則、______的原則。

3.在對會議交通進行評估時要涉及兩個問題，即往返會議的交通和______。

4.後續工作或者說是跟蹤服務，主要形式有直接郵寄、______、個人拜訪等。

5.對於單場會議，如果在與會者還沒有離開會場前立即進行評估，數據反映出的更多是與會者對會議的感覺，而不是從會議中得到的收穫，這種現象稱為______。

二、選擇題

1.一個對會議負有某些責任的團隊，通常由主辦組織內部成員構成。組建的原因之一在於確保會議的創意和策劃是集思廣益的結果。這是下列哪一組織______。

A.策劃委員會　　B.指導委員會　　C.祕書處　　D.籌備處

2.會議評估方案的制定，評估工作的實施，訊息和數據的收集整理過程必須規範化，以保證評估結果能更好地反映真實情況。這體現了會議評估的哪一原則______。

A.實事求是的原則　　B.客觀公正原則

C.規範化原則　　D.成本效益原則

3.在對會議的各項評估項目進行評估時，策劃委員會不用對下列哪一項目進行評估______。

A.承辦者　　B.指導委員會　　C.祕書處　　D.會議地點

4.會議評估程序中首先要做的是______。

A.選擇規範的評估標準　　B.確立評估目標

C.策劃評估方案　　D.實施評估

5.對於大型的會議，最好選擇哪種評估方法______。

A.開放式問卷調查　　B.封閉式問卷調查

C.採訪　　D.問卷結合採訪

三、問答題

1.簡述會議評估的概念。

2.會議評估有哪些評估項目，對不同的會議，如何考慮它們被評估的重要性？

3.會議評估常用方法有哪些？

4.在會議評估的方案策劃和實施過程中需要注意哪些內容？

第六章　展覽項目策劃

◆本章重點◆

透過本章學習，瞭解展覽項目策劃前市場調研的主要內容，掌握如何選擇展覽題材，並對展會策劃所應涉及的方面有所瞭解。

◆主要內容◆

●展覽市場調研

產業環境；市場需求；同類展會；相關法律法規

●展覽題材的選擇

確定展覽行業；選擇展覽題材的方法

●展覽會立項

名稱和標誌；舉辦地點；舉辦時間和頻率；展會規模和定位

如同會議一樣，展覽工作也是從策劃開始的，展覽項目策劃包括調研、題材選擇和立項等一系列工作。

第一節　市場調查

在現代企業競爭中，市場調查扮演著重要的角色，它不僅能幫助企業決策者識別和選擇有利可圖的市場機會，還可以向經營者反饋相關市場訊息，以便企業對市場營銷組合策略進行調整和優化。同樣，在策劃一個新的展覽項目之前，主辦方必須進行廣泛的市場調查，充分掌握各種市場訊息和相關產業訊息，客觀地反映市場態勢，為全面認識市場，進行市場分析和預測，以及為機構進行科學決策提供依據。

以市場訊息的內容為標準，對展覽市場訊息的分析研究主要有三類，即目標客戶方面的訊息分析研究，市場開發方面的訊息分析研究及會展技術方面的訊息分析研究。（見表6.1）

表6.1 展覽市場訊息分類

訊息類型	主　要　內　容
目標客戶方面訊息	目標參展商的基本情況 潛在專業觀眾的基本情況 忠誠客戶的經營動態 參展商的參展目的 參展商對展覽會項目、服務、價格的意見和要求
市場開發方面的訊息	相關產業的發展現狀及趨勢 相關產業的產業結構 同類型展覽的經營狀況 本展覽會的市場佔有率 潛在競爭者的數量和規模
會展技術方面的訊息	會展場館的技術數據、設備狀況 新的布展概念與工藝 更先進的會議和展覽設備 其他相關技術

目標客戶方面的訊息分析研究涉及的內容有：目標參展商的基本情況；潛在專業觀眾的基本情況；忠誠客戶的經營動態；參展商的參展目的；參展商對展覽會項目、服務、價格的意見和要求。

市場開發方面的訊息分析研究涉及的內容有：相關產業的發展現狀及趨勢；相關產業的產業結構；同類型展覽會的經營狀況；本展覽會的市場占有率；潛在競爭者的數量和規模。

會展技術方面的訊息分析研究涉及的內容有：會展場館的技術數據、設備狀況；新的佈展概念與工藝；更先進的會議和展覽設備；其他相關技術。

許多展覽公司的成功實踐表明，知道需要調研什麼比市場調查本身更重要。一般而言，為策劃一個新的展覽會所做的市場調查主要應著重於以下幾方面。

一、產業環境

產業作為會展業發展的基礎，是展覽會在展覽策劃時首要考慮的因素。產業的性質和產業的發展狀況能夠影響到一個展覽會能否成功舉辦。展覽會舉辦的策略和辦法會因產業的不同而有所差異。對相關產業訊息的收集與分析對於展會主題的選擇、市場定位、戰略管理甚至時間安排都有重要的參考價值。我們可以從產業的角度分析產業對舉辦展覽會可能產生的影響，以及產業給展覽會提供的可能發展空間，為制定切實可行的展會舉辦策略奠定基礎。（見表6.2）

表6.2 產業訊息的內容及其對展覽項目策劃的作用

主要訊息	對展覽策劃的作用
產業性質	處於不同發展階段的產業，市場成熟度和競爭狀況不同，辦展環境也不一樣，因此，可用於判斷展會的可行性與發展前景
產業規模	有助於預測展會的規模和專業觀眾的數量
產業分布狀況	指導展會確定招展招商宣傳推廣的重點
產業銷售方式	影響產品銷售對展會的依賴程度和展會舉辦的時間選擇
產業發展趨勢和熱點	有助於展覽會中的論壇、新聞發布會等配套活動的策劃

二、市場需求

有效地把握市場需求的趨勢是成功舉辦展覽，特別是商業性展覽的基礎。由於展覽會是「買與賣」的結合，在確定會展項目之前，市場調查的重點一方面是有參展需求的參展商，一方面是希望瞭解這些展會訊息的人群，即專業觀眾。是否具有較大的市場需求，決定了展會舉辦的可行性。因此，市場的規模、市場的競爭態勢與發展趨勢，行業協會對市場的影響與號召力等都是市場調查的重點內容。

三、同類展會

展覽業發展到現在的階段，已經沒有多大的空間可以挖掘全新的展覽主題。中國目前雖然展會數量眾多，但存在著重複舉辦和質量低下的問題，僅建材一個行業在2005年就有100多個展覽，使得參展商無所適從。因此，展覽公司要想使自己策劃的展會在眾多的同類展會中脫穎而出，必須要對同類展會的情況有一個詳細的瞭解，包括同類展會的基本情況，如定位，辦展機構，舉辦的時間、頻率、地點、規模，參展商及專業觀眾的數量及結構等；同類展會的數量和區域分布狀況；同主題品牌展的成功經驗；同類展會之間的競爭態勢。

四、相關法律法規

國家的相關法律法規會不同程度地影響和約束產業和市場的發展狀況，從而對展覽會的舉辦產生重大的影響。因此，對於展會的主辦單位而言，瞭解國家的法律和法規對成功策劃和舉辦展覽會十分重要。一般而言，主辦方需要瞭解的相關法律法規包括：政府對產業產品的銷售、使用和生產等方面的規定；國家和地方政府對某一產業的發展所作的長遠和宏觀規劃；針對於某一產業的貨物進出口政策、報關規定和關稅等海關有關規定；對舉辦展會的企業或機構的市場准入規定；知識產權保護方面的法律法規；以及對交通、消防、安全等其他有關行業的規定。

第二節 展覽題材的選擇

在市場調查之後就要根據市場調查的結果，進行展覽題材的選擇。展覽題材是指舉辦一個展覽會計劃要展出的展品的範圍，往往涉及產業的專業分類和專業配置。展覽題材的選擇主要有以下幾方面的內容。

一、確定展覽行業

（一）客觀看待市場調查結果

辦展機構在確定展覽行業時，必須要對市場調查所獲訊息進行細緻深入的分析，要充分考慮到市場調查過程中所遇到的問題，對訊息的客觀性和準確性要有一個清醒的認識，並能準確地預測市場和環境未來的變化，在最有發展潛力的行業裡選擇展覽題材。一般而言，要結合展會舉辦地及其周邊區域的經濟結構、產業結構、地理位置、交通狀況和展覽設施等條件，突出區域特色，首先考慮本區域的優勢產業和主導產業，其次考慮國家或本地區重點發展的產業，以及政府扶持的產業。

例如，創辦於1996年的廣州國際照明展覽會，展覽面積平均每年以70%的速度增長，目前已發展成為世界第二、亞洲第一的國際級照明展。主辦單位廣州光亞展覽公司在進行展覽策劃時選中照明產業，緣於當時中國照明產業的生產規模已居世界第一。中國有7000家以上的照明生產企業，10000多家建築技術生產企業，中國同時也是最大的照明產品出口國。另外，中國農村人口有向城市大轉移的趨勢，預計未來15年將有5億人口轉入城市，照明與建築技術產品是城市擴容時需求量最大的兩類產品之一。中國許多城市進行的城市改造工程以及居民宜居工程等已在大量啟動，中國照明市場正以每年15%的高速度增長。主辦方據此判斷，照明與建築技術產品在中國有廣闊的發展空間，照明與建築電氣技術展覽在中國會有強勁的發展趨勢。

廣州所在的珠江三角洲是全國經濟最發達、經濟增長最迅速的地區之一，是世界最大的輕工產品生產基地之一。以照明產業為例，中國60%以上照明企業集中在以廣州為中心的珠江三角洲經濟帶。廣東省是中國燈飾及燈飾配件最主要的生產基地，產品範圍廣泛全面，從大型的工商業照明到高品質的室內照明一應俱全。廣東照明產業以裝飾用燈為主，它以中山市古鎮為中心，向全國乃至世界輻射，並形成了配套化的產業鏈。由此可見，選擇在廣州舉辦照明行業展覽會有一定的經濟基礎和產業基礎，再加上廣州毗鄰港澳的優越地理位置、良好的交通狀況、先進的展覽設施和豐富的商業文化和飲食文化，對海內外專業買家構成了巨大的吸引力，為成功舉辦和後續發展奠定了堅實的基礎。

（二）正確評價自身狀況

由於不同的行業會對辦展機構的資源優勢有不同的要求，辦展機構選擇展覽行業時，需要根據展覽題材及展覽項目所在的行業，要對企業自身品牌形象、人力資源、資金實力、項目設計、營銷組合能力、服務管理能力方面的優勢和劣勢進行研究和分析，以正確評價企業自身對市場環境變化的反應能力，以及企業的市場地位和發展潛力，揚長避短，選擇在最能發揮自身優勢的行業中舉辦展覽。

（三）注重政策導向

行業政策直接影響行業狀況，行業狀況直接影響展會，所以，行業政策也在一定程度上間接影響著行業展會的發展。由於在為展會項目選擇展覽題材時主要考慮的是行業市場變化的趨勢，自然就需要考慮行業政策的變化。目前，中國許多展覽會都是由行業協會、貿促會主辦或承辦的，這些主辦單位不但擁有雄厚的資源，更重要的是它們是政策最初的接觸者，甚至參與了相關政策的制定過程。而對於一些只有展覽業務的公司而言，對行業政策的關注度就顯得有些不夠了。

展會作為一種貿易平台，一方面需要反映行業的發展趨勢，另一方面，必然受到行業發展狀況的制約。具體講，如果某項政策促進了行業的發展，擴大了行業的規模，也必然會帶來相關展會的活躍；從供給結構角度講，如果某項政策帶來了行業內供給結構的變化，表現在展會上也必將帶來參展商和觀眾結構的調整。所以，對於展會的主辦方而言，應積極關注政策變化，採取「順政策風向而動」的措施。

在政策中尋找行業的發展規律，是發現商機、走向成功最有效的一種捷徑，特別是對於汽車業、美容美發業、服裝業、房地產業等受政策影響比較大的行業。一個真正的展覽運作者，不僅要瞭解展覽的運作流程，瞭解各個行業的狀況，還需要有敏銳的政治眼光，對行業政策熟稔於心，只有這樣才能策劃出好的選題。

（四）市場細分確定展覽行業

在實際的操作中，展會策劃人員通常會採用市場細分的方法來確定究竟在哪個行業內辦展。市場細分是美國市場營銷學家溫德爾·斯密斯20世紀中葉提出的一個新概念。將這一概念運用於會展市場，主要是指會展企業按照參展企業和目標觀眾在行業屬性、客戶規模和行為及地理位置等方面的差別或差異，運用系統方法把整個市場細分成有相似願望和需要的參展者群體來形成子市場的市場分類過程。

會展市場細分有利於會展企業發掘市場機會，科學地開發新的會展市場並取得良好的經濟效益。對會展市場進行細分之後，辦展機構還要根據實用性和有效性的原則，對細分的市場加以篩選和評估，考慮細分市場是否具有一定的產業基礎和發展潛力，是否能在預定的時間內有一定的盈利水平；辦展機構的資源條件和經營目標是否與細分市場的需求相吻合，是否在所選定的細分市場上有競爭優勢，以及在該細分市場上舉辦展覽會是否具備可操作性等，最終選擇和確定展覽項目所在行業。

二、選擇展覽題材的方法

選擇展覽題材通常有四種方法：

（一）新立題材

它是指展會的主辦機構透過對收集到的各種訊息進行整理和分析，選定一個本辦展機構從來沒有涉足過的題材甚至產業作為舉辦新展覽會的展覽題材。這對主辦方而言是很大的挑戰，由於主辦方對新題材所在的行業不瞭解，很難進行準確的市場定位，也很難把握行業的發展重點和熱點，而且缺乏對行業協會、生產廠家和買家的數量和分布的瞭解，不利於展會的籌備工作。因此，採用新立題材的方法選擇展覽題材，要求主辦方有足夠的實力，並對其選擇的行業有充足的瞭解。如果新題材選擇得當，不僅有利於展覽公司拓展新市場，還能有效地避開激烈的市場競爭。有時候，將國外成熟的品牌展的主題引入國內進行本土化改造往往能獲得成功。

（二）分列題材

這種方法是將辦展機構已有的展覽會的展覽題材再作進一步的細分，從原有的大題材中分列出更小的題材，並將這些小題材辦成獨立的展覽會的一種選擇展覽題材的方式。這種方法要求細分題材與原有的展會有相對的獨立性，並已發展到一定的規模，細分之後有更大的發展空間。採用這種方法舉辦新展覽的主辦機構對細分題材有充足的瞭解，而且還有一定的客戶基礎，原有展會和新展會都將更專業化。但是，主辦方很難準確地把握分列題材的時機和對原有展會的衝擊。

（三）拓展題材

這種方法是將現有展會所沒有包含的，但與現有展會的展覽題材有密切關聯的題材，或者是將現有展會展覽大題材中暫時還未包含的某一細分題材列入現有的展會的展覽題材。拓展展覽題材時要注意，計劃拓展的題材要與現有展會的展覽題材有一定的關聯性，不會給現有展會造成任何操作上的不便，而且不影響現有展會的專業性。適當地拓展題材可以有效地擴大招展招商的範圍，使展覽主題更完整，是擴大現有展會規模，增強展會專業性的常用辦法。但是如果處理不當，則會影響到展會的專業性，降低展會的檔次，引起參展商和專業觀眾的不滿，而且還可能影響到展區的劃分和現場的布置與管理。

（四）合併題材

這種方法是將兩個或兩個以上彼此相同或有一定關聯的展覽題材的現有展會合併為一個展會，或者將兩個或兩個以上的展覽會中彼此相同或有一定關聯的展覽題材剔除出來，在另一個展會中統一展出。合併題材有利於展覽公司集中優勢資源打造品牌展，擴大展會規模、提高展會的檔次，使展會更具有行業代表性，同時降低市場競爭。但也會帶來操作的難度和更大的風險。

第三節　展覽會確立

在確定了展覽題材，收集到了相關訊息，並對訊息進行初步分析之後就可以進行展覽項目的立項了，即對將要舉辦的展會的有關事宜進行初步規劃，設計出展會的基本框架。主要包括以下幾方面。

一、展覽會的名稱和標誌

（一）展覽會名稱

一個合適的展會名字不僅使展會易於識別和記憶，並能有效傳達展會的主題定位，從而為展會的成功舉辦奠定良好的基礎。展會的名稱一般由三部分組成，每一部分都要傳達特定的含義：

（1）基本部分：用來說明展覽會的性質和特徵，常用的有展覽會、交易會、博覽會、展銷會等。特別應引起注意的是展覽會和博覽會。展覽會是指以貿易洽談和宣傳展示為主要內容的展覽會，展覽題材相對較少，一般具有較強的專業性。而博覽會雖也以貿易洽談和宣傳展示為主要內容，但相對展覽會而言，展覽題材更加廣泛，一般具有較大的規模，專業化程度相對較低。

需要指出的是，展會的名稱要慎用博覽會。特別是專業展由於內容較集中專一，不宜用博覽會，更不可為了招商方便，而冠上博覽會的大名。上海國際花卉展、樂器展、建築設計展等，雖然面積均達數萬平方公尺但仍叫展覽會。這些展會已成為品牌，得到了行業的認可。

（2）限定部分：主要說明展會的時間、地點和範圍，通常用「屆」、「年」、「季」來表示。如法蘭克福春季消費品博覽會等。展會名稱中的「國」、「國際」、「世界」等字眼很清楚地體現了展會的性質。

（3）行業標誌：是展覽會名稱的核心部分，主要說明展會所屬的行業、主題和展品範圍。這一部分的用詞必須恰當，要能準確傳達展覽會的主題和定位。

（二）展覽會標誌

展覽會標誌主要由標準字和LOGO構成，其中標準字是展覽會名稱的書寫，一般經過藝術處理，LOGO通常是一些藝術化的圖案或符號，其設計的基本原則是簡潔，易識別，有像徵意義且能突出主題。

展會標誌的設計必須要符合識別系統設計的總體要求，符合參展商、專業觀眾和特定行業的直觀接受能力與習慣，並要考慮到標誌的理念表現力、可行性、社會心理、習俗與禁忌等因素。最重要的是標誌的設計必須構思巧妙新穎，具有可識別性。

二、舉辦地點

決定展會的舉辦地點有雙重含義，首先要選擇城市，然後才是選擇場館。

（一）選擇城市

展會選擇在哪一個城市舉辦取決於很多的因素，但最主要的還是展會的展覽題材、展會的性質和定位。從展覽會的題材上來看，展會最好選擇在展覽題材所在行業生產或銷售比較集中的城市，或者是在其鄰近地區交通比較便利的地方，以使展會有充分的產業基礎和市場基礎；從展會的性質上來看，國際性的展會一般應在對外交通和出入國境比較便利的地方舉辦，以方便海外企業參展和觀眾參觀。而全國性的展會則應在國內比較重要的中心城市舉辦；從展會的定位上來看，所選城市的區域優勢應該和展會的定位相匹配，要注意城市的規模、現有的基礎設施條件和接待能力。城市的風格也是選擇城市時應該考慮的因素，所選的城市要具備符合展會活動的風格和氣質。

（二）選擇展館

現代化的展覽中心內部佈局合理，管理有序，為參展商和觀眾提供了諸多方便，可大大提高工作的效率。展覽中心內部規劃中，最重要的是人車分流的場內交通系統一定要完善。人可以在展館連廊裡走，貨物從專用通道運，要避免人流物流交織影響內部交通。應設有獨立的卸貨區，並預留充分的展品傳送周轉區域，這能夠極大地方便佈展。另外，設置足夠容量的停車場也是不可忽視的問題。

如果展覽中心規模較大，展廳之間要有免費的接駁巴士，方便參觀和組展人員快捷地到達各展廳。還可以在展廳間增設迴廊，將展廳之間互相銜接，形成寬敞的人流樞紐區域，使人流壓力充分緩解。

餐飲網點等各種服務機構要分布到各個展館周圍，便於展商、觀眾就近使用。另外，要保留大片的綠地和專門的休息區，以便為在工作或參觀之餘的展商、觀眾提供休閒場所。這些部分的佈局雖然是細節問題，但卻很能體現現代化展覽中心高水準的服務。

展廳要考慮的要素很多。比如是否有柱子、樓梯間、出入口，以及天花板高度、燈光裝置、冷氣暖氣、地面承重情況等。

現代化展覽中心的展廳基本上都是單層、單體。單層單體1萬平方公尺的展廳，正好是長140公尺，寬70公尺，處於人眼的正常視覺範圍內，觀眾不容易迷失方向。展廳最好可以自由分開使用，所有展區的使用價值均等。

有關調查及相關論證均表明，與底層相比，二層展廳的觀眾會減少一定的百分比，到三層則更少。這和展品進出的方便性和觀眾的心理因素有關。所以，展廳最好是單層的。一般來說，每層高度13～16公尺即可滿足一般展台設計的要求，比較適中。

地面條件包括地面狀況和地面承重條件。大部分展場的地面為混凝土，如果鋪地毯，在吸音和觀瞻方面都會產生良好的效果。

在展品運輸、展品安置和展品操作等方面均應考慮地面承重能力。展覽中心必須提供分區的地面承重數據，以便於佈展和保障展覽活動的安全。如對地面承重條件有疑問，展覽主辦單位應於搬入展品前向展覽中心查詢。

除了以上幾點外，在展廳中還有很多細節問題要加以仔細考慮，如出入口、衛生間、通道寬度等等。這與展覽活動能否順利進行也有著密切的關係。

新型展覽中心一般都在展館入口安放多台門口機，採用讀卡過閘的管理方式，觀眾和來賓在進入展館前必須先登記個人訊息並領取卡片，方可憑卡進入。入口可以分為一般觀眾、專業觀眾、工作人員入口等，便於管理和統計。在展廳中，要根據人流量設置足夠的人員出入口，根據物流量設置足夠的通往卸貨區的出入口。這可以滿足功能分區的需要，以及分解集中辦展時的大量人流和物流。

緊急出口必須標誌清楚，便於疏散；通道寬度關係到展品運輸和場地安全，必須綜合考慮場內人流量、防火需要等因素；在展覽期間一定要保證通道的暢通，不允許展品、廢棄物品等胡亂堆放在通道上；衛生間也不容小視，它是體現展覽中心服務水準的重要場所，必須方便人們就近使用，時刻保持清潔。

展館的選擇對樹立參展商和觀眾信心起著關鍵作用，是展覽公司成功辦展的重要因素之一。在展館的選擇上，應根據展會展覽題材和展會定位，並考慮以下因素：

1.保證大規模人流的暢通、方便和安全

這是對展館的最基本要求。交通方便是展館的首要條件。每日數萬甚至更多的觀眾需要便捷的交通和寬敞的通道，進撤館時數千噸的展品需要高效、大容量的運輸設施。同樣，大面積的露天場院是存放展品集裝箱和停泊車輛必不可少的。

2.展館形象

對國際展覽主辦單位來說，展館租金雖然很重要，但通常不是最重要的一環。展館的形象對舉辦展覽，特別是國際展覽十分重要。展館形象的好壞影響著參展商對展會的信心，也影響到參展商的參展意願。展館在城市中的區位，展館周圍規模相應的住宿、餐飲、購物、娛樂等設施，以及從事各種商務活動的場所也構成展館形象的一部分。

3.展館性質

展館的性質是否符合展會的類型也是應該考慮的重要因素之一。如舉辦機械展，要求展館的容量和地面承載力等技術指標達到一定的水平，並能提供方便大型機械進出的運輸設施。

4.配套設施

現代化展覽中心一般都配備了為展覽活動服務的一整套基本設施，憑藉完善而先進的設施系統來提供高質量的展覽服務。展覽中心的設施系統主要包括：

（1）供電。展覽中心主供電線路一般為三相交流電，線路頻率為50赫茲，標準供電電壓為220/380伏特（單相電壓220伏特，三相電壓380伏特）。主變壓器的最小容量應為高峰負荷的150%。展覽中心的供電系統要滿足各個不同展覽活動的電力要求，在線路負荷方面一定要做好充分的估計。並且，展廳內要設有足夠的電源接口和插頭。展場用電必須有嚴格的規定，電器安裝時必須保證線路連接可靠，充分考慮通風及散熱，不與易燃物直接接觸，以免發生意外。參展方如果需要24小時供電或延時斷電必須事先向中心提出申請。在展場內使用的電器，必須符合安全要求，禁止使用碘鎢燈、霓虹燈、電爐和電熱器具。展場用電及安裝燈箱必須提前將用電圖紙報展覽中心有關部門審核，經同意後方可實施，並由展覽中心工程公司派出電工指導裝接電源。

（2）給水排水。展覽中心的供水系統負責采暖區域的循環管網、空調的冷凍水管道、衛生間的冷熱水供給等，排水系統包括整個展館的冷水、熱水和廢水排洩系統。給水排水設施是為展覽活動提供生活用水、美化環境用水和消防用水等的重要基礎設施。在展廳規劃時要考慮設置足夠的給水口和排水口，時刻保證輸水管道的暢通。

（3）空調。展覽中心在開展期間有大量人員聚集在室內展廳中，因此展廳的空氣質量顯得非常重要，在一定程度上會影響展覽活動的效果。展廳的空調系統用於調節室內的溫度、相對濕度、空氣流動速度和空氣潔淨度，使人體處於舒適狀態。現在一些較新的展覽中心還採用了天窗自然換氣系統，由電腦按照內外部環境溫度、濕度自動控制調節窗的開啟度，提高了展廳內的空氣質量。在辦展期內，主辦單位如果要求使用空調，必須提前向展覽中心提出申請。使用空調期間，主辦單位必須協助做好門窗的關閉工作等，做到人員進出隨手關門，以確保空調的效果，減少能源的浪費。

（4）電梯。對於有多層展廳的展覽中心而言，其電梯系統對於運送人流和運載展品具有不可替代的作用。如果人們不能方便地到達各個樓層的展廳，將直接影響辦展效果。所以，尤其在一些中央人流密集區和迴廊區要安裝足夠的自動手扶電梯，這樣，在大型展覽期間才能解決參觀人流在不同層面大規模快速流動的問題。在實際使用時，應根據具體流量情況來確定不同的運送方式，以節約能源。展品及大件貨物只可透過貨物電梯進入上層展廳。自動扶梯和客梯絕對不能被用作運送任何貨物、設備或家具。佈展和撤展期間不得開動使用自動扶梯。自動扶梯在停開期間不要當作樓梯通行使用。

（5）照明。展覽照明對於突出展品和增強空間氣氛起著重要的作用。展覽照明的採光形式包括天然光採光、人工光源採光及兩者綜合採光3種形式。但就商業性展覽而言，因為其展期短、照度水平要求高，所以除了室外陳列，大都採用人工照明或天然光與人工光源結合兩種照明形式。要注意，室外的電器照明設備都應採用防潮型，並要落實安全措施。在展覽空間中，要避免反射與眩光對觀眾的干擾作用，應該慎重考慮窗子和燈具的位置及展廳的照度分布。展覽中心一般都對所有標準攤位的照明及電源安裝提供服務。

（6）消防。展覽會期間應高度重視消防安全工作。嚴禁將易燃、易爆、劇毒或有汙染的物品帶入展覽中心場館。展館內嚴禁吸煙。嚴禁參展單位擅自裝接電源和亂拉亂接電線。展場內的佈局應留有足夠的安全疏散通道，主通道不得小於5公尺。嚴禁在電梯、樓梯口等安全疏散通道上擺設任何物品。佈展基本結束後（一般在開幕的前一天），主辦單位（承辦單位）須會同展覽中心有關部門以及公安消防部門，組織一次以防火為主的安全大檢查，對查出的隱患應立即進行整改。展品的包裝用具在佈展後應盡可能運出館外，嚴禁亂放。遇有緊急情況，主辦單位（承辦單位）及展覽中心工作人員應統一指揮，按指定通道有序撤離。

（7）通訊。展覽中心在展位、會議室、辦公用房等場所均提供多部直線電話，一般中國的展覽中心展館內都有中國移動和中國聯通的無線涵蓋系統，可支持手機使用；有些展館內還設有無線市話（小靈通）機站，可支持小靈通使用。除此之外，展覽中心還應適當設置銀行卡、IC卡公話，以及供領導和代表團使用的保密電話，以更好地滿足展覽活動中的各種通訊需要。

（8）網路和訊息。如今，高科技在現代化展覽中心得到充分的利用。展覽中心應配備智慧化網路系統如電子登錄系統、電腦查詢系統等，並能夠提供包括ISDN、無線寬頻網、有線寬頻網在內的多種上網服務。有的展覽中心還在展館主要公共空間設有多台觸控螢幕，為參展商、參觀商提供方便的訊息查詢、交流手段。主要提供有：導覽服務；廣告發布（網頁廣告發布及VOD視頻廣告播放）服務；組展商、參展商的訊息查詢和發布服務；展館、展會介紹和宣傳服務，等等。

（9）公共廣播。公共廣播系統負責向展廳、辦公室、走道等區域提供可靠的、高質量的背景音樂、緊急廣播、業務廣播等服務。在發生火災及其他緊急情況時，可以與消防聯動，滿足火災緊急廣播的要求，在緊急疏散時造成指揮作用。

除了以上這些設施系統，展覽中心通常還會以租賃的方式為參展方提供一些設備，主要有展具、展位用桌椅，視聽設備及零碎物件等。在不使用時，要注意這些設備的存儲和保養。

5.展館的規定

展館的規定不能損傷到參展商的權益。例如，一些展館會禁止參展商攜帶任何食物及飲品進館，參展商須在館中支付高價購買。

三、舉辦時間和頻率

（一）舉辦時間

辦展時間是指展會計劃在什麼時間舉辦，通常所說的辦展時間主要包括展覽會的具體開展日期，籌展和撤展日期以及展會對公眾開放的日期。對辦展時間的確定應當儘量精確，以便參展商和觀眾做好計劃和準備。特別是對展會籌展和撤展時間的安排，既要充分考慮參展商的需要，也要考慮到展館的實際條件。

展會的舉辦時間與展會展覽題材所在行業特徵密切相關。有些行業的生產和銷售的季節性很明顯，在確定展會辦展時間時就要充分考慮到這個因素，儘量使展會的辦展時間能符合這種特徵。除此之外，還要考慮到相關展會的辦展時間，根據本展會的定位、辦展機構的優劣勢和展會的競爭策略，充分考慮相關展會對本展會的影響，合理安排辦展時間。原則上儘量避免與國內外有重大影響的同類展會在時間上相衝突，以便於參展商和觀眾參展和參觀。

（二）辦展頻率

一個行業產品的生命週期在很大程度上決定了在行業內辦展的頻率。如果產品的生命週期短，更新換代快，辦展頻率就可以高一些。目前全球展覽業的情況是，一年一屆，一年兩屆，或是兩年一屆的展會居多。

四、辦展機構

與辦展機構相關的幾個名稱有：主辦單位、承辦單位、協辦單位、支持單位、海外合作單位。這些單位之間的區別為：主辦單位擁有展會的知識產權，對展覽會承擔主要法律責任；承辦單位直接負責展覽會的策劃、組織、操作與管理，承擔主要財務責任；協辦單位協助主辦或承辦單位承擔部分招展、招商和宣傳推廣工作，不負財務責任；支持單位參與招商和宣傳推廣，不承擔招展任務和財務責任；海外合作單位承擔海外參展商的招徠和海外專業觀眾的組織任務。

五、展會規模和定位

（一）展會規模

狹義上講，展會規模是指一個展會的展出面積，尤其是淨展出面積；廣義上講，還包括參展商的數量和觀眾的數量。由於展會的規模受整個市場環境的影響較大，在設計展會規模時要綜合分析展會所在行業的產業規模、市場容量和發展水平，以及同類主題展會的規模等因素。展會的展出面積和參展商的數量還應該和可能到會的觀眾的數量和質量結合起來考慮。

（二）展會定位

展會定位是一種戰略性的營銷手段，是會展項目切入市場的依據。辦展機構應根據自身的資源條件和市場競爭狀況，透過建立和發展展會的差異化競爭優勢，使自己舉辦的展會在參展企業和觀眾的心目中形成一個鮮明而獨特的印象。

透過給展會定位，辦展機構不僅可以清楚地明確本單位和本展會在市場上現有的位置，而且還能確定自己可以利用和抓住的市場機遇。展會的定位要有目標性、前瞻性、可行性和階段性。不同的會展可以透過不同的市場定位來顯示自身的優勢。會展公司的市場定位策略主要有：特色定位，強調不同於其他項目的方面，如項目有效觀眾的獨特等；功能定位，主要突出會展的新功能，如展覽題材的擴展等；利益定位，強調會展的舉辦能給參加者帶來的具有一定優勢的利益與品質；競爭定位，從競爭對手的特性出發突出本公司的會展市場定位策略。

複習思考題

一、填空題

1.策劃一個新的展覽會要進行充足的市場調查，著重應包括______、______、______和______。

2.______是美國市場營銷學家溫德爾·斯密斯20世紀中葉提出的一個新概念，展會策劃人員通常會採用這種方法來確定展會應在哪個行業舉辦。

3.通常所講的展覽會的辦展時間包括______、______、______和______四個方面的日期。

4.一個展會的規模狹義上而言是指展會的______，廣義上還包括了______和______。

5.展會定位是會展項目切入市場的依據，主要有______、______、______和______四種策略。

二、選擇題

1.四種確立展覽題材方法中，______有利於展覽公司集中優勢資源打造品牌展，擴大展會規模、提高展會的檔次，使展會更具有行業代表性，同時能降低市場競爭。

A.新立題材　B.分列題材　C.拓展題材　D.合併題材

2.______是展覽會名稱的核心部分，主要說明展會所屬的行業、主題和展品範圍。

A.基本部分　B.限定部分　C.行業標誌　D.Logo

3.在展會舉辦地的城市選擇上，展會的______要求展會最好選擇在展覽題材所在行業生產或銷售比較集中的城市，或者是在其鄰近地區交通比較便利的地方。

A.規模　B.題材　C.性質　D.定位

4.______是在選擇展會的辦展場館時對展館最基本的要求。

A.保證人流的暢通、方便和安全　　B.展館形象

C.展館性質　　D.配套設施

5.關於展會的辦展機構，______直接負責展覽會的策劃、組織、操作與管理，承擔主要財務責任。

A.主辦單位　　B.承辦單位　　C.協辦單位　　D.支持單位

三、簡答題

1.為展覽項目策劃所進行的市場調查主要應包括哪些內容？

2.選擇展覽題材時應考慮哪些因素？

3.選擇展覽題材的方法有哪些，其各自的優缺點是什麼？

4.如何為展會確定一個最為合理的時間？

5.如何理解展覽會的定位？

第七章　展覽營銷管理

◆本章重點◆

透過本章學習，瞭解展會招展與招商工作所涉及的內容，掌握工作的重點及所應注意的問題，瞭解展覽會宣傳推廣的特點及主要方式。

◆主要內容◆

●招展管理

基礎工作；宣傳推廣；服務營銷；進度管理

●招商管理

基礎工作；宣傳推廣

●展覽會宣傳推廣

宣傳推廣的特點；宣傳推廣的方式

展覽營銷管理涉及招展、招商和展覽會宣傳推廣等一系列工作，這些工作的成敗直接影響到整個展覽會的成功與否。

第一節　招展管理

招展的目的是招攬到合適的企業參展，實現主辦單位與參展企業的價值傳遞。招展工作是整個展覽流程裡面非常重要的一環。參展商的數量和質量直接影響到展覽會的檔次和發展前景，招展工作是否順利進行是展覽會能否取得成功的關鍵。

一、基礎工作

（一）建立目標參展商的數據庫

要想使招展工作順利進行，首要的一步是要廣泛地收集目標參展商的訊息，建立一個完整而又實用的目標參展商數據庫，這是招展工作的基礎性工作。不僅如此，一個好的目標參展商數據庫也是進行展會規模預測的基礎。

1.目標參展商的訊息收集

目標參展商是辦展機構認為可能會來參加展會的企業和單位，這些企業不僅包括展覽題材所在行業的企業，還應該包括一些與題材所在行業有關聯的行業的企業。由於展會的招展工作是以掌握這些目標參展企業的基本數量、特徵和分布狀況為前提的，一個完整而實用的目標參展商數據庫必須能廣泛而全面地蒐集到目標參展商的有關訊息。一般來說，可以透過以下管道來收集訊息：

（1）現有參展商數據。一個展覽會的現有參展商如果對本次展覽的規模、服務和效果滿意，就很有可能繼續參加下次的展覽，因此現有參展商應是目標參展商數據庫的主要組成部分。

（2）行業企業名錄。很多行業都有一些資料齊全的行業企業名錄或者企業大全，收集了這些行業大量企業的基本資料，如企業名稱、地址、聯繫辦法等，有些企業名錄還每年更新。辦展機構可以從這裡找到大量的目標參展商訊息。

（3）商會和行業協會。各行業的商會或者協會一般與本行業內的企業聯繫密切，掌握了大量的企業訊息，有一定的會員單位。

（4）政府主管部門。政府主管部門對自己主管的行業的企業一般比較瞭解，與企業也有一定的聯繫。

（5）專業報紙雜誌和網站。各行業的專業報紙雜誌和網站掌握著本行業的最新動態和訊息，與行業內企業的往來密切，掌握了一定數量的企業訊息。收集廣告也可以掌握一定數量的企業訊息。

（6）同類展會。同類展會對辦展機構來說是目標參展商集聚的場所，主辦方可以在同類展會上接觸到其大部分目標參展商，因而可以到各展位直接收集每一個參展商的訊息，也可以透過購買展會會刊或參展商名錄來收集。

（7）外國在地機構。展會是企業進行商品營銷的一個重要管道，各國外交機構每年都會向

企業推薦一批著名的展會供它們作參展選擇。

（8）向專業諮詢公司購買數據。

（9）電話黃頁。它類似於行業企業名錄，特別適用於收集某一特定地區範圍內的企業訊息。

2.目標參展商數據庫的訊息內容

完整的目標參展商數據庫中應包含所有對展會招展有重要參考價值的訊息，包括企業的名稱、地址、聯繫電話、傳真、E-mail和網址、聯繫人等基本訊息，以及關於企業生產的產品種類、目標市場、企業規模等訊息。

主辦機構應該對參展商訊息加以分析和把握，如分析行業企業的結構狀況、地區分布狀況、市場特點等，據此來指導招展工作。

3.目標參展商數據庫的建立原則

首先，目標參展商數據庫要有一定的數據量，而且數據真實可靠，這是最基本的要求，以便招展時有足夠的客戶資源。

其次，對數據庫裡各條訊息進行科學的分類，並要符合招展分類的要求，以便於日後檢索。

最後，目標參展商數據庫要具備動態性的特點，以便於對數據庫訊息的修改，而不損害其他數據的安全。

（二）展區和展位劃分

展區和展位劃分是展會招展工作的另一項重要的基礎性工作。展覽會一般都按展品類別劃分展區，按照場館的場地特徵來劃分展位。合理地劃分展區和展位對於展會招展和更好地吸引目標觀眾到會參觀，提高參展商的展出效果，進行展會現場服務與管理等都有十分重要的作用。

展區和展位的劃分不僅要注意科學性和系統性，還要充分考慮到參展商和觀眾的利益和要求，具體而言，主要應遵守以下幾個原則：

第一，要對展會所有的展覽場地進行統一安排，因地制宜，充分利用展覽場館場地。按照專業題材劃分展區，注意各題材展品對場館的高度、承重等方面的特殊要求。

第二，要有利於觀眾參觀展會，要能使目標觀眾很容易地找到其感興趣的那類展品的所有展位，並做好指示系統。

第三，有利於參展商提高展出效果。要做到這一點，展區和展位的劃分既要符合展品的特點，也要考慮到展位的搭裝效果，還要考慮到觀眾的參觀和集聚。

第四，要有利於展會現場管理和現場服務。例如，要注意展館的消防安全，便於疏散人群，方便展位的搭裝和拆卸，方便展品的進館和出館。

第五，合理安排展會的功能服務區域。展會除了最主要的展示區域外，還需要安排一些功能服務區域，如登記處、諮詢處、洽談區、休息區、新聞中心等。

另外，對於一個成熟的商業展覽會，其展位劃分的原則也可以考慮以大客戶為中心，實現主辦者利潤的最大化。

（三）招展價格制定

招展價格是展位的出售價格，按展位的不同，可以分為標準展位的價格和光地的價格，前者以一個標攤多少錢來表示，後者按每平方公尺多少錢來計算；按場地的不同，可以分為室內展位價格和室外展位價格。

招展價格的制定是一項很複雜的工作，其合理與否會直接影響到目標參展商的參展意向，從而影響到招展工作的順利進行。而且，在制定招展價格時，還必須充分考慮到與同類展會的競爭關係，結合本展會的發展階段和價格目標，以及展會展覽題材所在行業的狀況，如行業的平均利潤率和市場發展狀況。

制定招展價格，還需要考慮兩個因素：一是展區和具體展位的位置差別，目前辦展機構一般實行「優地優價」原則；二是國外參展商和中國國內參展商的展位價格，中國目前普遍實行價格「雙軌制」，國外參展商的展位價格一般要高於國內參展商的展位價格。

有一點特別值得注意，即，為了吸引更多的潛在客戶而利用各種可能的方式降低展覽會報價是不可取的；還有些辦展機構為了能賣出全部展位，在展會開幕臨近時，不顧展會的價格標準，大幅降價傾銷展位。價格應該是在做好市場預測之後就已經決定的，絕不能因為沒有完成銷售額而降低價格。這種做法會使主辦者喪失信譽，對下屆展會的招展和展會的長遠發展產生不利的影響。因為這不僅會嚴重挫傷早期決定參展的企業的積極性，還會使參展商對下一屆展會的招展採取觀望態度，等待招展末期的價格優惠，從而嚴重影響到招展工作甚至展會的經濟效益。

（四）制定招展函

招展函是辦展機構用來說明展會以招攬目標參展商參展的小冊子，是招展工作主要的宣傳資料。其主要作用是向目標參展商說明展會的有關情況，並引起他們對參加展會展出的興趣。通常情況下，目標參展商對展會的第一印象可能來自展會招展函，因此招展函介紹展會的內容必須準確而全面，以使目標參展商對展會有足夠的瞭解並對展會作出基本的判斷。

主辦單位要贏得參展商，除了要瞭解他們的需求外，還要設法讓他們瞭解展會的概念與特點。展覽會的性質與題材不同，展覽公司不同，招展函的外觀、風格、內容框架也存在著明顯的差異，但以下幾方面是招展函應包括的基本內容：

（1）展會的基本內容：包括展會名稱和logo，舉辦時間和地點，辦展機構，辦展起因和目標，展會特色，展品範圍和價格等。

（2）市場狀況：例如，結合展會的定位，簡要介紹展會展覽題材所在行業的狀況，如行業生產、銷售、進出口及發展趨勢等；根據展會的定位和市場輻射範圍的大小，簡要介紹辦展所在地區的市場狀況。

（3）展會招商和宣傳推廣計劃：簡要介紹展會計劃邀請專業觀眾的辦法、範圍和管道，並對往屆展會到會觀眾進行回顧和分析；介紹展會宣傳推廣的手段、辦法、範圍和管道，以及展會計劃如何擴大其影響的措施；展會的相關活動不僅對展會有宣傳和輔助作用，也有對參展商的宣傳和展示作用，所以招展函還應介紹展會期間將要舉辦哪些相關活動、各活動的舉辦時間和地點以及參展商參加活動的聯繫辦法等；介紹參展商能從展會獲得的服務，因為搞好服務也是展會提高競爭力和吸引力的重要手段之一。

（4）參展辦法：包括如何辦理參展申請、參展手續以及付款方式和與辦展機構聯繫的辦法等。

（5）相關圖片：包括展館分區圖，展位分布圖，展館周邊交通圖，歷屆展會盛況圖片等。

值得注意的是，除了招展函的內容要全面準確簡單實用外，其版式安排、文字圖片等的佈局也要美觀大方，製作樣式還要便於郵寄和攜帶。

二、招展宣傳推廣

招展宣傳推廣是指為促進展會更好的招展而有目的有針對性地舉行的宣傳推廣活動。它圍繞展會招展基本策略和目標，有很強的協調配合性，其形式有：召開新聞發布會，在專業和大眾報章雜誌上做廣告，向有關人員直接郵寄展會資料，在國內外同類展會上推廣，在網上宣傳推廣，透過有關協會和商會宣傳推廣，利用外國駐華機構和中國駐外機構做宣傳等。

進行招展宣傳推廣時，要注意結合展會的出發點、主題、亮點，突出展會的個性化特色，從客戶出發，處處體現客戶利益。在時間和地域的分布和安排上要注意與招展實際工作緊密配合，並且要走在招展實際工作的前面，提高展會的知名度。在時間上要連續，要有統一的理念和策略作指導；在地域上要因地制宜，但又不彼此衝突。向目標參展商提供以往展會觀眾類別的調查報告，也是勸說企業前來參展的一種有效方式。

三、對參展商的服務營銷

對於一個新籌劃的展會而言，能否招攬到足夠的參展商，順利舉辦展覽會，主要取決於招展宣傳推廣的力度與效果。而對於一個舉辦過多屆的展會來說，招展工作能否順利進行在很大程度上取決於以往參展商對展會效果的評價和對展會服務的滿意度。因此，為參展商提供優質的服務，進行服務營銷是展會招展工作很重要的一個環節。

（一）對參展商進行服務營銷的必要性

《哈佛商業評論》的研究報告指出：一個滿意的客戶會給企業帶來三個潛在的客戶，其中至少有一個客戶會購買企業的產品和服務；而一個不滿意的客戶會影響其他25個客戶的購買意向。爭取一個新客戶的成本是留住一位老客戶所需成本的5倍。老客戶關注的首先是服務質量，其次是產品，最後才是價格。老客戶可以為企業做免費的口碑宣傳，而企業可以根據其購買歷史預測今後的消費行為。

參展商在會展價值鏈中處於核心地位，其連續參展是會展企業的利益所在。會展企業在展會前已經掌握了參展商較為詳細的資料，又在展前、展中和展後與參展商進行全程溝通與交流，這些特點都有助於會展企業與參展商建立長期的合作關係。所以會展企業要樹立服務觀念，按照市場化、商業化、專業化的要求來進行服務運作，認真分析參展商的需求，制定相應的營銷戰略，及時推出有針對性的服務，從而提升客戶的消費價值、滿意度、信任感、歸屬感和忠誠感。

（二）為參展商提供增值服務

服務是會展業的生命和根本所在，沒有一流的服務就不可能有一流的會展。為參展商提供增值服務是為了創建客戶關係，建立參展商的忠誠度。目前行業的合併與精簡，旅行費用和展會營銷預算的緊縮以及電子商務的風行，對展覽業構成一定的威脅，會展企業更傾向於向參展商提供一系列專業、周到的服務來保證展會的成功舉辦。

首先，要全面瞭解參展商。只有全面地瞭解了參展商的需求，才能對他們做好有目標的服務。例如，可以瞭解他們的參展需求及其相關訊息，據此做好展會籌備期相關工作；瞭解參展企業的產品定位及結構，將它們安排在不同的展區，以方便專業觀眾查找；瞭解參展企業的品牌實力、合作需求，有目標地為它們尋求目標對象。廣大參展商尋求的目標客戶對象的集合，形成了展會專業觀眾組成的基礎。根據展會的定位、參展商的分類情況及其需求有針對性地組織專業觀眾，這是一個專業展會成功舉辦的重要工作。將參展商與專業觀眾有針對性地結合在一起，使他們在展會這個平台上達成貿易交流、合作協議以及後續長期的合作，就達到了展會的目的。

第二，在全面瞭解參展商的基礎上，主辦單位還要為參展商提供展前和展後的支持，以幫助參展商取得最佳的展覽效果。具體來講，要做好展前的訊息發布，幫助參展商做好展館展台的布置工作和展場企業的廣告宣傳；鼓勵參展商遞交簡要的新聞稿和產品的彩色照片，並在出版物中予以免費刊登；提供展前營銷綜合手冊，列出建議，提供可以最大限度地增加展位客流量的各種訊息，從而加強主辦機構與參展商的直接交流；向展位工作人員提供免費的展前培訓，組織全天候的專題研討會和討論會來提高工作人員的直銷技巧；設置展覽會現場的各類諮詢服務，幫助參展商解決參展過程中遇到的金融、法律、會計等方面的問題；舉辦各種洽談會、主題研討會，便於參展商交流訊息，捕捉商機；組織國內外有關專家開設專題講座，針對展覽會所涉及的行業發展的困惑作出可行與可操作性的指導性講座；展會結束後印發綜合新聞通訊，向行業宣傳本次展會上的一些具有新聞價值的產品，以把整個展會推向整個行業最前沿。

增值服務在內容和形式上很容易被模仿和抄襲，所以主辦單位必須能夠不斷地尋求新的增值服務，切實瞭解參展商需要的是什麼，透過提供個性化的服務來滿足其需求。

（三）與參展商共同成長

為參展商提供優質專業的服務是樹立品牌展會的基本要素。在規模大、參展商多的國際性展會中，主辦展會的展覽公司在服務上更要考慮周全，要不僅令實力強的大參展商滿意，還要讓實力弱的小參展商對展會有信心。行業內的主要合作夥伴和大客戶的參與，有利於辦出真正有效益的品牌展會，但一個成功的展覽同樣少不了眾多小參展商的參與，他們或許不能代表行業發展的前沿，卻是行業發展的有力後盾。而且一些小參展商其實並不小，只是仍未開闢大市場，或許他們參展的目的就是試探市場，希望開闢或進一步開拓國內市場。

所以每一個參展商都是展覽公司的客戶，儘管小參展商的影響力不能與國內外知名品牌同日而語，但他們都可能成為「明日之星」。例如，微軟公司成立當年就首次參加了Comdex／Fall，此後微軟公司年年參展，展位面積逐步擴大，伴隨著Comdex／Fall大會共同成長。如今，微軟公司成長為全球IT業的巨人，而Comdex／Fall 也壯大成世界頂尖的訊息技術博覽會。二者相互支持，共同成長。

大參展商的知名度和突出的展位足能吸引買家的眼球，而中小參展商更需要展覽公司為其提供特殊服務，提供有利於中小企業發展的展覽平台。打造長期的品牌會展，展覽公司需要有長遠的目光，與參展商結成合作夥伴關係，結成利益共同體，共同成長，共同進步。

四、招展進度管理

展會開幕的時間必須符合展覽題材所在行業產品的產銷時間特點，因此展會招展的啟動時間安排要合理，儘量安排在各企業的年度營銷計劃、產品推廣計劃和企業形象廣告計劃制定之前就開始，要充分考慮到展會招展在時間方面的需要，預留充足的時間以提高展會成功舉辦的可能性。並要根據展會舉辦的歷史及所在行業的特點，重點把握招展工作的一些黃金時段。

對招展進度進行控制可以以目標參展商是否已經參展為主要監控對象，也可以以展館展位是否已經劃出為主要監控對象。最常用的方法是將兩者相結合，以便同時掌握目標參展商的參展情況和展位的劃出情況，據此發現問題，調整進度，制定進一步的招展策略。

為了保證展會可以按時舉辦，確保展覽的效果，展會的主辦者有必要將展會籌備過程中的一些事務性的安排，如展覽場地租用截止日期、展台設計報送審批日期、用水用電申請截止日期、展會會刊登錄截止日期等，以表格的形式通知參展商，以幫助參展商及時安排相關事宜，為展會籌展工作的順利進行打下基礎。

第二節 招商管理

一、招商工作對展會的重要性

參展商和觀眾是一個展覽會的兩個很重要的方面。一方面，展會要有一定數量和質量的參展商才能成為一個好展會；另一方面，一個好的展會絕不能沒有一定數量和質量的觀眾。參展商是展會存在的根基，沒有參展商展會就失去了存在的基礎；觀眾是展會發展的翅膀，沒有觀眾展會也就沒有發展的後勁。

在展覽業中，展會招商是與展會招展相對應的一個概念，它主要是指辦展機構透過各種辦法和管道邀請觀眾到展會參觀。擁有一定數量和質量的觀眾，是許多展會所竭力追求的方向，也是一個展會成功的重要標誌之一。

招展與招商是互相影響，互相作用的。參展商參展的目的是希望在展會上結識更多的買家，而專業觀眾則希望能在展會上集中採購到更多的新產品，瞭解本行業的最新技術。對參展商而言，他們最關心的是參展能否帶來生意。如果招商效果好，到會觀眾數量多，質量好，參展商的展出效果就有保證，企業就樂意來參展；另一方面，如果展會的招展效果好，參展企業尤其是行業知名企業多，訊息集中，觀眾到會參觀就會更加踴躍。

很難講招展與招商哪一個更重要，目前理論界與業界都對此問題有不同的看法。廣交會的成功表明，萬商雲集的旺盛人氣是展會吸引展商、促成展會規模滾動發展的前提，所以招商也是展會成功的祕訣所在。有業內人士認為，展覽會依賴的是產業和市場兩大因素：產業因素是指展覽題材所涉及的產業，相對全國來說有否擁有優勢；而市場因素是指商業展覽所在地，也就是企業銷售的目標市場或主要目標市場。由此可見，產業優勢有利於招展，市場優勢則有利於招商，而市場優勢對展覽業的影響及促進作用更大。

據瞭解，目前認同「展會成功的關鍵在於招商」這一觀念的展覽公司越來越多，一些以往只注重招展、只緊盯展位收益的公司也逐漸改變思路，不斷加大招商力度，把工作的重點放到參觀觀眾的組織上來。參展公司花了很多經費參加展會主要是為了拓展銷路和市場，如果專業觀眾很少，或者專業觀眾的質量不高，參展公司就不會再次參展。據悉，甚具知名度的展覽公司，是不愁找不到參展商的，就怕專業買家的數量少、質量低。從某種意義上講，買家客戶是展會的生命線，展會的成功與否，主戰場應是觀眾的組織，是專業觀眾的質量，而不單純是尋求參展商的數量。

香港貿發局辦展的成功祕訣在於：將展覽辦好，就必須讓參展商有生意可做。主辦者的做法是提供足夠的展位，但不會只考慮增加收益而盲目擴大展會的規模。他們會根據市場的需要，逐年增加展商的人數，以便讓買家和展商人數成正比，展會規模與參觀人數同步增長。據悉，香港貿發局建立了世界一流的廠商資料庫，靠專業技術、嚴格管理造就了亞洲最大的玩具展、電子產品展等國際專業展。

二、基礎工作

（一）目標觀眾資料庫

和展會招展需要有目標參展商資料庫一樣，展會招商也是建立在有一個完整而實用的目標觀眾資料庫的基礎之上的。

1.觀眾分類

展會的觀眾可以分為專業觀眾和普通觀眾。其中專業觀眾是指從事展會上所展示的某類展品或服務的設計、開發、生產、銷售或者服務的專業人士以及上述產品和服務的用戶。通常，展會如果不是刻意控制，往往既有專業觀眾也有普通觀眾。但在展覽行業的實際操作中，有些展會只對專業觀眾開放，有些展會對專業觀眾和普通觀眾的參觀時間加以限制，以保證展覽的效果。

另外，展會的觀眾還可以區分為有效觀眾和無效觀眾。有效觀眾是到會參觀的專業觀眾以及展會參展商所期望的其他觀眾，是有一定質量的觀眾。對於專業的展會，無效觀眾不可以太多，否則就會對展會正常的商務活動帶來不利的影響，如現場秩序混亂等。一般來說，有效觀眾的數量要占到會觀眾總量的30%以上，否則展會的展出效果無法保證。

因此，展會招商的重點是邀請到儘量多的有效觀眾，這對展會來說具有重要的意義：首先，有效觀眾是參展商最主要的目標客戶，如果不能保證有效觀眾的數量，也就無法保證參展商的展出效果，會打擊企業再次參展的積極性，給未來展會的招展工作帶來很大的困難，影響到展會的發展。其次，擁有一定數量和質量的有效觀眾是一個展會之所以成為「品牌展」的重要標誌。

2.目標觀眾的範圍

目標觀眾主要是指專業觀眾和有效觀眾，這些觀眾可能是展會展覽題材所在行業的人士，也可能是與題材所在行業有關聯的行業的人士。目標觀眾是展會招商主要的客戶範圍，展會招商是在瞭解了上述觀眾所在行業、觀眾的基本數量及其需求特徵和分布狀況的前提下進行的。

一般說來，展會的目標觀眾的範圍比其目標參展商的範圍要廣，涉及的行業也要多。所以在進行展會招商時，目標觀眾的範圍不能僅僅侷限在展會展覽題材所在的行業，還要考慮其相關行業和其產品的各種用戶所在的行業。例如，體育用品博覽會的目標觀眾除了體育行業以外，還有眾多的健身休閒行業、房地產行業、各種會所等。

3.目標觀眾訊息收集

收集目標觀眾的訊息與收集目標參展商的訊息有類似的管道，只是在收集訊息時，除了要收集他們的名稱、地址、聯繫電話、傳真、E-mail和網址等基本訊息外，還要瞭解專業觀眾的職務、年齡、個性特點、購買影響力，以及他們的產品需求傾向等。

4.注意問題

展會目標觀眾的身分不是一成不變的，目標觀眾還是展會潛在參展商的一個重要來源，展會辦得越好，從觀眾到參展商的轉變就越明顯。所以，在建立目標觀眾資料庫時，要考慮到這種轉變，不要將目標觀眾資料庫和目標參展商資料庫截然分開，而要讓它們兩者之間保持某種聯繫，以使目標觀眾資料庫得到充分利用。

有多年辦展經驗，每年主辦18個貿易展覽會的香港貿發局，之所以能有效地推廣自己的展覽會，主要也得益於其所擁有的龐大資料庫。貿發局累積了一個擁有60萬個商貿企業的資料庫，其中香港10萬家、中國內地12萬家、海外38萬家，每年大約有240萬宗商貿配對。

（二）展會通訊

在展會的籌備階段，展會的目標參展商和觀眾往往想瞭解展會的籌備進展情況，如展會的基本情況，有什麼樣的影響力，定位如何，哪些企業會來參展，哪些專業觀眾會到會參觀，展品的範圍有哪些，這些情況通常是透過展會通訊來通報的。

展會通訊是辦展機構根據展會的實際需要編寫的，用來向展會的目標客戶（即展會的目標參展商和觀眾）通報有關情況的一種宣傳資料。它常常是一本小冊子或報紙，需要辦展機構及時地郵寄給目標客戶。

一個完備的展會通訊可以及時準確地向展會的目標客戶傳遞展會籌備進展情況，招展招商情況，以及其他相關訊息，與目標客戶保持經常的聯絡和訊息溝通，從而擴大展會宣傳推廣的範圍和管道，建立展會良好的形象，促進展會的招展招商。另外，展會通訊中有關當地市場、招商招展內容的通報，往往能對促進企業參展和吸引觀眾到會參觀產生積極的作用。目標客戶通常還可以透過展會通訊瞭解到展覽題材所在行業的國內外市場訊息和行業動態。

所以，展會通訊絕不能流於形式，必須包含較為實用和豐富的內容，包括展會的基本情況，如展會的名稱、舉辦時間和地點、辦展機構、logo、本展會的特點和優勢，以及上屆展會的總結和展覽現場的有關圖片；展會展覽題材所在行業的市場訊息和行業動態、發展趨勢，及國內外同類展會的情況；展會招展、招商、宣傳推廣、相關活動的通報；參展（參觀）回執表，以方便客戶及時反饋參展（參觀）的訊息。

（三）觀眾邀請函

觀眾邀請函是辦展機構根據展會的實際情況編寫的，用來進行展會招商的一種宣傳單，是專門針對目標觀眾，尤其是專業觀眾而發送的。觀眾邀請函一般在展會開幕前一個月左右開始向目標觀眾直接郵寄，而對於國外的觀眾，郵寄時間要提前至開幕前三個月到半年，以方便國外觀眾做參展計劃和申請簽證。

觀眾邀請函應包括展會的基本內容、招展情況、相關活動及參觀回執表，其中對展會的特點、優勢、展品和參展企業的介紹是主要內容。

三、招商宣傳推廣

招商宣傳推廣是指為促進展會更好的招商而有目的有針對性地舉行的宣傳推廣活動。這些宣傳推廣活動是圍繞著展會招商的基本策略和目標而制定的，有很強的目的性和配合性。

展會招商可以是由一家單位來負責，也可以是幾個單位共同負責。進行展會招商的管道通常有專業媒體、大眾媒體、有關行業協會和商會、國內外同類展會及著名展會主辦機構、參展企業、國際組織、政府有關部門等。

根據展會的實際情況，可以採用一個或幾個管道進行招商。通常的情況是，為了增強展會的號召力，會展的主辦者往往委託多家招商公司同時進行招商，這在客觀上就形成了管道競爭，透過這種競爭，可以促使落後一方採取積極措施迎頭趕上，形成良性競爭的局面，並成為改善管道運作效率的催化劑，這是多數會展主辦者的初衷。

但是，由於中國的會展招商公司大多數是半路出家，其來源大多是廣告公司、裝飾裝修公司等一些傳統行業，從而導致會展招商從管道建立之初，先天就帶來了一些傳統管道競爭的惡習，比如為爭奪客戶而惡性壓價、以次充好假冒偽劣、違規招商欺上瞞下，造成了展會招商管道混亂的局面。

招商管道的混亂首先表現在主輔管道由於地位不平等而引發的一系列競爭。會展的主辦者往往有自己的招商部門，但是為了推廣項目，又會委託一些招商公司，這就在客觀上形成了直銷管道和經銷管道。這兩種管道勢必會在一定空間範圍內追求地位平等，追求市場控制力對等，從而使招商公司無法確定自己的地位，雙方的管道都在不斷地為提高自己在各自市場中的發言權而鬥爭。

其次，各招商管道的目標不一致也是導致招商管道混亂的原因之一。從表面上看，直銷管道和經銷管道都是為了會展項目的成功運作而共同努力，但是這兩種管道卻是不同的利益主體，追逐的利益點各有不同。招商公司以盈利為目的，而主辦方的招商部門則側重於開發參展商市場。雙方並沒有一個統一的目標，無法形成統一的凝聚力；加之當直銷管道為開發市場執行特殊政策時，同各管道成員之間並未進行良好的溝通，從而進一步引發市場的混亂。

最後，展會招商公司的不規範導致了管道內部相當混亂。會展主辦方委託的招商公司往往由於在區域市場運作中存在管道規劃不盡合理，終端過於密集和交叉等問題，從而導致管道內部為爭奪客戶使用價格手段打壓對手，產生內部衝突。管道內部之亂對於會展項目極具殺傷力，因為各招商公司往往是直接與最終客戶聯繫，對於客戶的重複爭奪極可能引致客戶反感，結果導致客戶離開。

很顯然，對於招商過程中的種種管道衝突，會展的主辦方是難辭其咎的。因為管道衝突是管道競爭力的來源，主辦方需要在招商過程中引入競爭機制，這是無可非議的，但同時主辦方又需要避免過分的衝突，這顯然是一個矛盾的兩個方面，但會展主辦方往往在後者的處理上顯得能力不足。

因此，如果要想早日結束目前會展招商混亂的局面，就需要會展產業從樹立和穩定會展項目品牌的高度出發，提出更富有建設性的解決之道，而這份責任並不是一家或者幾家會展企業能夠勝任的。管道的規範有賴於行業自律的強制規範和國家在產業發展上的宏觀指導，從規範招商的角度而言，會展行業的自律組織的誕生應該是眾望所歸。

第三節　展會宣傳推廣

展會的宣傳推廣是指展會整體的宣傳推廣，是展會策劃和營銷工作中的一個重要環節，對展會的發展有重要的作用。展會的招展宣傳推廣和招商宣傳推廣可以獨立進行，也可以包含在展會整體宣傳推廣計劃中，在實際操作中，展會的宣傳推廣與展會的招展和招商有密切的關係。

值得注意的是，展會的宣傳推廣應把宣傳定位在展覽項目上，而不是展覽公司的形象宣傳上。目前許多展覽公司盲目宣傳公司自己，而不是展覽項目，錯誤地認為展覽項目是自己開發的，其展覽資源就歸公司自己所有。事實上展覽會不是產品，沒有固定資產，所有的參展商和觀眾都是社會資源。如果參展商和觀眾不到展會參展參觀，展覽公司所有的僅僅是一個空空的展覽會名稱而已。所以，展覽公司要大力宣傳的是展覽項目而不是展覽公司本身，讓參展商與觀眾記住的是展覽項目而不是展覽公司。

一、展會宣傳推廣的特點

展會的宣傳推廣是一項十分複雜的工作，主要有以下一些特點：

(一) 整體性

展會宣傳推廣是有多重任務的，比如要促進展會的招展招商，建立展會的良好形象，創造展會競爭優勢，協助業務代表開展工作，指導內部員工如何對待客戶等。展會宣傳推廣服務於整個展會，是一種整體的宣傳推廣工作，要處處注意展會的整體利益。

(二) 階段性

展會宣傳推廣的各項任務不是同時實現的，也不是在某一個時間段裡集中實現的，而是隨著展會籌備工作的進展和展會的實際需要而分步驟分階段逐步實現的。在展會的不同階段，展會宣傳推廣的目標也不同。例如，在展會籌備期，宣傳推廣主要是向業界發佈展覽會的基本訊息，籌備工作的進展情況，以促進招展招商工作的順利進行；在展覽會期間，宣傳推廣主要是大力宣傳展覽會的特色和亮點，並進行下一屆展會的招展和招商工作；而在展覽會結束之後，則是要追蹤報導展覽會的成果，擴大展會的影響力。

(三) 計劃性

展會宣傳推廣的任務多，階段性強，因此，在展會籌備一開始就必須認真規劃好展會的宣傳推廣工作，照顧到展會籌備工作各方面對宣傳推廣的需要。

(四) 本質上是一種對服務的宣傳

展覽本質上是一種服務，展會只是各種會展服務的一個有形載體。參展商和觀眾之所以要參加展會，是想得到貿易成交、訊息、展示等服務。所以，展會宣傳推廣本質上是在宣傳和推廣展會的各種服務。

二、展會宣傳推廣的方式

（一）新聞發布會

它是展會常用的宣傳推廣方式之一，也是展會與新聞界加強聯繫的有效途徑，如果組織得當，新聞發布會是一種成本低而效益高的展會宣傳推廣手段。

（二）專業媒體推廣

專業媒體包括與展會展覽題材有關的行業專業報紙、雜誌、展會目錄、展會會刊和網站等。專業媒體針對性強，富有專業性，直接面對展會的目標參展商和目標觀眾，是展會首選的宣傳推廣媒介。

（三）大眾媒體推廣

大眾媒體包括電視、廣播、各種報刊、戶外廣告媒體、網站等，這些傳媒普及性強，社會接觸面廣，既面對展會的目標參展商與專業觀眾，也面對展會的普通觀眾。大眾媒體時效性強，涵蓋面廣，具有一定的新聞性和可信度，因此是展會其他宣傳推廣方式的有效補充。

值得注意的是，利用專業媒體和大眾媒體進行展會宣傳推廣時所做的廣告並不是多多益善，成本也是需要考慮的。因此廣告發布的管道要根據不同行業的特殊情況區別對待，有的可以吸引學術界的關注，有的可以靠強大的行業協會推薦，有的則要靠政府的相關部門支持。把力度放在行業最具權威的機構上，才能造成更好的效果。

（四）同類展會推廣

國內外舉辦的同類展會是展會目標客戶最為集中的地方，在這些展會上進行宣傳推廣，會收到很好的效果。在同類展會上宣傳推廣，可以直接面對目標客戶，與客戶進行面對面的交流，有助於與客戶建立關係，即時得到反應。

除此之外，辦展機構通常還會採用一些專項宣傳推廣方式來宣傳推廣展會，如直接派出工作人員透過登門拜訪、電話交談等形式，直接與目標市場的客戶建立聯繫，傳遞展會訊息；直接向目標客戶郵寄展會的各種宣傳資料；利用各種傳播手段與社會公眾溝通思想感情，建立良好的社會形象和經營環境；與有關媒體、國際組織、行業協會和商會、國內外其他展會主辦機構和政府主管部門等機構合作，共同推廣展會。

主辦單位可以根據自身的情況和展覽會本身的要求，選擇上述的一種或幾種宣傳推廣方式，形成有競爭力的營銷組合，利用優勢橫向或縱向強強聯合，降低成本，改善服務，提高市場份額。

三、國外展覽業宣傳推廣的經驗

國外展覽業十分注重整合促銷，政府往往將本國或一個城市的展覽業發展的各種有利因素組合成一種綜合優勢向外界宣傳和推廣，以充分發揮有限資金和人力的效用，其內容主要包括產業政策、城市區位、場館設施、辦展水平、市場空間、旅遊接待能力等。以香港為例，長期以來特區貿易發展局致力於向世界各國大力宣傳其政策優勢、區位優勢和服務優勢，取得了顯著的綜合效果。在經濟發達的國家或地區，當地的貿易促進部門在展覽業的整體促銷方面也發揮著重要的作用。

隨著世界經濟的深度一體化和展覽功能的進一步體現，全球戰略已經成為國際展覽營銷的一個基本原則。一個成功的展會需要在全球招募參展商，以豐富全面的展品吸引專業觀眾；同時還需要在各國動員專業觀眾，從而使參展企業可以向世界市場促銷。建立一個長期高效的海外促銷網路是每個展覽公司的需求，但任何一家展覽公司也很難獨自負擔一個全球網路。於是在法國出現了一個獨特的機構——法國國際專業展促進會，使多家展覽會聯合共享海外促銷網路。

複習思考題

一、填空題

1.展區和展位的劃分是展會招展工作的一項基礎性工作，展覽會一般都按展品的類別來劃分______，按照場館的場地特徵來劃分______。

2.招展價格是展位的出售價格，按______的不同，可以分為標準展位的價格和光地的價格；按______的不同，可以分為室內展位的價格和室外展位的價格。

3.目標觀眾是展會招商主要的目標客戶範圍，展會招商是在瞭解了目標觀眾的______、______、______和______的前提下進行的。

4.展會的宣傳推廣應把宣傳定位在______上，而不是展覽公司的形象宣傳上。

5.展會的宣傳推廣有______、______、______和______的特點。

二、選擇題

1.______在會展價值鏈中處於核心地位。

A.主辦單位　B.參展商　C.專業觀眾　D.承辦單位

2.______是指從事展會上所展示的某類展品或服務的設計、開發、生產、銷售或者服務的專業人士以及上述產品和服務的用戶。

A.有效觀眾　B.無效觀眾　C.專業觀眾　D.普通觀眾

3.______是辦展機構根據展會的實際情況編寫的，用來進行展會招商的一種宣傳單，是專門針對目標觀眾，尤其是專業觀眾而發送的。

A.展會通訊　B.參展商資料庫

C.目標觀眾資料庫　D.觀眾邀請函

4.______本質上是一種對服務的宣傳。

A.招展宣傳推廣　B.招商宣傳推廣

C.展會宣傳推廣　D.大眾媒體推廣

5.______的推廣方式針對性強，富有專業性，直接面對展會的目標參展商和目標觀眾，是展會首選的宣傳推廣媒介。

A.新聞發布會　B.專業媒體推廣

C.大眾媒體推廣　D.同類展會推廣

三、簡答題

1.如何理解展會招展與招商對一個展會成功舉辦的相對重要性？

2.在展會的招展與招商工作展開之前各需要有哪些必要的準備工作？

3.如何塑造參展商對展會的品牌忠誠度，使其連續參展？

4.展會整體宣傳推廣的特點與方式有哪些？

第八章　展會實施和評估

◆本章重點◆

透過本章學習，瞭解展會現場管理所涉及的主要內容，特別要掌握開幕式、專業觀眾註冊以及佈展撤展的相關情況。瞭解國內會展業評估體制、評估程序和評估內容。

◆主要內容◆

●展會現場管理

開幕式；專業觀眾註冊；佈展和撤展；現場廣告管理；新聞管理；突發事件管理

●展覽評估

評估內容；評估過程

展覽會策劃後，透過成功的招展和招商，便進入現場運作和管理階段，這一階段也可能發生各種各樣的新情況，對此必須加以高度重視。一個展覽會舉辦得是否成功有一系列評價標準，如何評估，本章將做一些介紹。

第一節 展會現場管理

一、開幕式

開幕式是展覽會正式開始的標誌，也是主辦單位向公眾展示展覽會的規模和實力的良好機會。展覽會開幕式涉及的層面較多，事務十分繁雜，因而必須高度重視、精心策劃和部署。展覽會開幕式籌劃組織的內容主要應包括以下幾方面：

（一）主題

展會的開幕式應圍繞一個鮮明的主題來展開，這個主題要與展覽會的定位一脈相承，為活動程序、領導發言稿和新聞通稿的撰寫、表演活動等提供基調和依據。

（二）時間和地點

開幕式的時間既不可過早，也不可過晚，通常都定在上午9點左右。地點一般選擇在展覽場館前的廣場上，臨時搭建舞台。時間和地點的選擇應充分考慮當地交通、氣候及工作習慣等因素，開幕式儘量按原定時間舉行，避免拖延時間過長。

（三）開幕式程序

展會的開幕式既可以是主辦單位自己策劃組織，也可以承包給一家專業策劃公司。但基本程序都是一致的。舉辦活動之前應及早籌劃與確定，制定一個清晰簡潔的開幕式程序是展覽會開幕式成功舉辦的重要保證。

（四）出席的主要嘉賓

主辦單位一般會邀請行業主管部門的官員、行業協會的主管人員、專家及其他相關人士作為嘉賓出席開幕式。主辦單位首先應根據辦展需要和開幕式安排仔細遴選嘉賓，提前溝通確認，邀請國外、境外人士前來參加活動至少於半年前發出邀請，並寄送相關說明資料。另外，接待、翻譯、禮儀人員以及嘉賓在台上的位置等事宜也應提前安排好。

（五）講話稿和新聞通稿

主要長官的講話稿和主辦單位的新聞通稿是媒體及廣大公眾全面瞭解展會基本情況的重要材料，而且往往是新聞媒體報導的基調。其核心內容應包括展會的亮點、創新之處及其對整個行業發展的重要意義。

展覽業發展至今，展覽公司之間尤其是同主題展覽會之間的競爭越來越激烈，一個成功的開幕式不僅可以增強參展商和專業觀眾對展會的信心，還可以提高業界和大眾對展會的關注程度，擴大展覽會的影響和品牌形象宣傳。因此，在展會的開幕式上可以邀請一些名人出席，透過政府或行業的VIP的影響力來提高展會本身在行業中的影響力；也可以舉辦一些與展會的主題緊密相關的演出活動來展現展會的人氣和實力。展會的主辦單位還可以在開幕式中適當製造一些轟動性的事件，以吸引媒體的關注，宣傳展會形象。

二、專業觀眾註冊

專業觀眾是展會的重要的資源之一，辦展機構一般對專業觀眾到會情況都極為重視，並安排專門的程序對到會的專業觀眾進行註冊登記。為做好專業觀眾註冊及其相關服務工作，展會一般要準備好展會參觀指南、觀眾登記表、展會證件、門票、展會會刊等資料。

在進行觀眾登記註冊時，可以將觀眾登記台和通道分為「持有邀請函觀眾登記台」和「無邀請函觀眾登記台」，以減少現場工作量，提高工作效率；要有專人負責管理觀眾登記的現場事務，維持秩序；工作人員必須經過一定的培訓，準確錄入觀眾訊息，妥善保管填寫好的觀眾登記表、邀請函和名片等資料。

在登記處附近，展會的主辦單位可以設置展覽活動及論壇議程牌，方便觀眾預先瞭解展會的總體結構和主要活動安排。

三、佈展和撤展管理

佈展是展會開幕前的現場籌備工作，一般在展會開幕前幾天進行。佈展時間的長短主要取決於展覽題材及展品的複雜程度，以及展會規模的大小。汽車展和大型機械展往往需要一個星期的時間佈展，而消費品展佈展時間只需要兩天，一般的展會，佈展時間通常是在2～4天。如果在展會開幕時，佈展工作仍沒有結束，必定會影響到組織者的聲譽和展會的品牌形象。

撤展是指在展會閉幕以後參展商在規定時間內撤除展位，將展品運出展覽現場。在一個展會結束後，展館可能會安排其他的展會，因此，和佈展一樣，撤展也不可以拖延。如果協調不當，無法按時退出展館，就需要延長展館使用期，不僅要增加費用和成本，對主辦單位不利，而且還會影響到下一個展會的佈展。在國外，展會閉幕之前提前撤展也是不允許的，而在中國，一些參展商為了避過交通高峰期，提前撤展已經成了一種慣例。所以主辦單位應該在一開始就與參展商協商溝通好，不允許提前撤展，以免對整個展會的品牌形象造成不利的影響。

對佈展和撤展，最重要的是要控制時間，進行時間管理，為此，主辦單位首先要將佈展和撤展確切的起止時間準確地通知參展商，讓參展商理解佈展和撤展時間限制的不可變更性；其次，要加強現場管理，維持好現場的交通秩序，設法提高工作效率。

四、現場廣告和新聞管理

（一）現場廣告管理

展會的主辦機構可以透過展覽快訊、展覽會會刊、戶外廣告牌、氣球、標語等來獲得廣告收入。儘管廣告的載體不同，但廣告政策必須明確、統一，對所有的參展商一視同仁。如果有相應的優惠措施，應讓所有的參展商都瞭解，而不應簡單地根據參展企業的規模大小來決定是否給予優惠。

（二）新聞管理

在展覽期間，展會會有意識地安排一些媒體對展會進行參觀和採訪，以擴大展會的宣傳推廣。另外，中國國內1萬平方公尺以上的展會還會在現場設立新聞中心或新聞辦公室，以便參展商和主辦單位能及時發布各種訊息。展會主辦單位可以安排熟悉展會相關情況的新聞主管，負責統一發佈展覽會的官方訊息，並接受媒體的採訪。

五、突發事件管理

展會舉辦的地方通常是人、財、物高度集中的地方，因此展會的主辦人員必須時時做好應對突發事件的準備，以避免人員傷亡和財產損失，避免對展會產生不良影響。

展會舉辦過程中可能發生的突發事件主要有火災、人員傷害等可預見的突發事件，以及地震和恐怖襲擊等不可預見的突發事件。雖然應對不同突發事件的做法各不相同，但基本的原則是一樣的，應當防患於未然，在事件發生之前就做好防範措施。主辦單位可以成立緊急應急行動小組，根據所使用展館的特點，制定應對緊急突發事件預案，其中包括人員疏散撤離方案等。

第二節　展會評估

一、國外與大陸展覽評估現狀

受歷史傳統、地域和文化因素的影響，世界各國的展覽會呈現明顯的地域特點，具有各自不同的辦展風格。從總體上看，歐美地區展覽會的質量、貿易效果和辦展水平都高於其他地區，基本代表了當今世界展覽業發展的最高水準，中國企業出境參展最多、最集中的也是歐美展覽會。瞭解一下歐美展覽會評估情況對中國展覽管理工作，以及在與世界接軌中逐步摸索和形成有中國特色的辦展風格是非常有意義的。

（一）國外的現狀

在國外，會展行業協會或者展覽管理部門對展覽會的展出規律、參展商數量、觀眾數量以及參展商和觀眾的行業、國別分布情況等展覽會數據的統計，制定統一的規則和標準，並組織專業審計機構對各展覽會的組織者填報的展覽會數據進行審核，然後向社會公布。展覽會數據審核是市場經濟條件下增強展覽業的透明度、建立展覽業的信用體系、促進展覽會規範有序發展的重要手段。從世界範圍看，最有效的對展覽會進行評估和資質認可的組織是國際博覽會聯盟（UFI），該聯盟的成員是建立在品牌展覽會的基礎上的；在發達國家和地區，一般都有展覽行業協會協調企業行為，如德國就有貿易展覽業協會。UFI有一套成熟的展覽評估體系，對展覽會的參展商、專業觀眾、規模、水平、成交等進行嚴格評估，達到標準的，或被接納為其成員，或準予刊登在年度展覽會目錄上，向全世界推廣。由於UFI的權威性，被認可的展覽會在吸引參展商、專業觀眾等方面具有很大優勢，做大做強便不成問題。因此，借鑑國外成功經驗，建立中國自己的展覽評估體系，必將有效地抑制重複辦展、小打小鬧的低水平辦展傾向。

UFI對展覽會進行評估和資質認可是建立在品牌展覽會基礎上的。規定的註冊標準為：展覽會必須是由同一個主辦單位連續經營3屆以上，如果是國際展覽會，展出面積應在2萬平方公尺以上，國際化達20%，海外觀眾達4%，除此之外還要有一定比例的預算經費用於海外推廣。

在世界展覽業，公認德國是世界的展覽超級大國，全球有2/3以上的主要展覽在德國舉辦。

德國展覽業是由一個有絕對權威的行業協會組織——德國展覽與博覽會協會（AUMA）負責審批、調整、監督、管理等工作。每年舉辦的展覽均由AUMA進行協調，避免了多頭辦展、重複辦展、分散混亂的局面。

德國注重展覽的評估，展會數據由德國會展統計數據自願控制組織（FKM）進行審核，它隸屬於AUMA，它每年審核的會展數據由25年前的40個到如今的300個。德國每年舉行的90%的國際博覽會，80%的地區展覽會都由FKM審核，對於如何收集展覽面積、展商數量、觀眾數量以及觀眾結構分析，FKM都有自己的一套規範制度，其評估有一定的行業標準，無論舉辦方和參展方，都比較傾向於從展覽前、中、後三期綜合考慮，注重參展企業的選擇、產品的選擇、佈展、參展人員素質、展台接待、展後跟蹤等多方面因素全方位綜合評估，而不單純專注於「訂單」和「人數」。會展評估機構如國際知名的會展資訊系統「展覽聯盟」，可為客戶提供有關會展評估、調查和參展的諮詢。它對每個會展的參觀人次及效果作出的公正公開的公布，一方面成為參展商的「金睛火眼」，另一方面有助於真正有實力的展會迅速樹立起自己的品牌。

德國人的嚴謹精神世界聞名，在展會的審計工作上可見一斑。FKM是進行展覽審計工作的重要機構，它成立於1965年，最初是由6家展覽組展公司發起的。目前直屬會員由在德國的75家會員及中國香港貿發局、義大利Verona展覽公司等組成，並已與歐洲20個國家共同發布歐洲展覽及博覽會（共1060個展覽）的統計數字，這些統計幾乎是用同樣的標準來進行的。2002年德國展覽透過FKM審計的共有302個。

FKM審計的內容主要有三大項：①場地面積：國內外廠商參展面積及比例；②參展商的總數：國內及國外的具體數目；③觀眾人數：國內外參展人數及其比例。

場地面積（包括室外場地）。首先是淨展覽面積，主要是指國內外廠商所租用的展台面積，另外還包括與展覽主題有關的圖片、表演區（被稱為特殊區）。毛面積則還應包括公共通道及服務區。

觀眾人數。一般由觀眾電子入場系統來統計。如不用此類系統，可統計每天售出的參觀券數量以及多次出入票的最低參觀次數。另外，也可以用電子登記系統來進行統計，統計出來的數字還附有觀眾分析報告。透過這些報告，不僅能很容易地評判展覽的質量，而且從中能得到很多寶貴資料。

參展商的數字。其中帶有產品或服務的公司及組織，由其職員租用場地參展的被稱為參展商。（代理商參展，其代理的公司不列為參展商）

通常這些數字FKM會委託一家獨立的審計事務所進行審查，審計是根據FKM的規則和規定來進行的，因此，其審計結果是公正可靠的。

英國展覽業聯合會往往要會員對其展覽會進行第三者審計，即聘請一家獨立的審計公司對展覽會的整體效果進行評估。英國展覽組織者協會（AEO）每年舉辦展覽最佳服務評選活動，「AEO傑出服務獎」在某種程度上已成為英國會展行業的質量認證。

法國則採取對展覽跟蹤調查的方法，一般調查要進行兩次，一次在展出期間，就展覽組織本身徵求參展商的意見；另一次在展覽結束後，就參展是否有成果向企業瞭解，由此來獲得對展覽會的客觀而公正的評估。

各國的評估方法雖各不相同，但目標是共同的，即創造品牌展覽會的聲譽，更好地維護參展商、觀眾和主辦者的利益。

（二）大陸的現狀

中國尚沒有統一的會展管理部門和行業自律組織。根據現行的展覽管理辦法，國務院各部委及其所屬的工貿公司、外貿公司、協會、商會、中國貿促會以及其行業分會和地方分會、地方政府或省市級外貿主管部門、展覽場館、境外展覽機構等都能舉辦展覽會。這種多層次、多管道辦展的局面造成會展過多過濫，有些地方甚至出現了會展「泡沫」現象，使得會展管理混亂。

中國會展業目前依然維持計劃經濟形成的展會審批制、展覽公司資格認定制，尚未與市場接軌形成優勝劣汰的競爭機制，以致有的展會雖然質量很差，組織和服務嚴重欠缺，但由於有政府作後盾而得以存在。因此建立一套和國際接軌的展覽評估體系勢在必行。這種評估對規範展覽市場秩序，引導參展商和客商有選擇地參加展會，提高展會效果，具有重要意義。

二、展覽評估過程

展會評估是對展覽環境、工作效果等方面進行系統、深入地考核和評估，是展會整體運作管理中的一個重要環節。進行展後評估可以總結經驗，發現問題，是提高辦展水平的重要途徑之一。進行展會評估可以在確定評估的方法和步驟後，設計合理的調查問卷，蒐集有關訊息，最後透過對有關材料的分析，得出展會效果評價，並對下一屆展會的舉辦提出一些好的建議。

（一）展會評估主體

展會評估可以由主辦單位進行，也可以由行業協會來評估，或主辦單位聘請專家或委託專業展覽評估機構進行。選取哪方來進行展覽的評估，要根據展會的具體情況來決定，不同的評估主體所評估的側重點有所不同。

展會主辦單位可能想透過對每次展覽評估的結論和建議，改善展會項目的市場開發和運營管理，及時調整展會方向和運作方式，不斷完善自己的展會和品牌。

參展商可能透過對參展成本、展會效果、成交金額、觀眾和買家反映等多個層面進行綜合、詳細的評估，比較評價不同展會的性價比，從中選擇成本低而效果好的優質展會，而且把參展與其他營銷方式如廣告、人員推廣等在成本效益上作出比較，為今後選擇何種方式進行市場拓展提供依據。

（二）展會評估的程序

展覽評估是一個有計劃、有步驟的動態過程，必須循序漸進。

1.確立展會評估目標

展會評估的主要目標是瞭解展出的效果和效益。在進行展會評估時應該根據展出目標確立評估的具體目標和主要內容，並依據評估目標的主次，排列優先評估或重點評估的次序。

2.選擇規範的評估標準

會展效果的評估標準系統包括整體成效、宣傳效果、接待成果、成交結果等。評估時應該根據展出目標確定展會評估標準的主次。比如展出目標是推銷，就應該把成交結果作為主要評估標準。劃定評估標準的主次以後，還應該使其規範化。評估標準的規範化是指評估標準必須明確、客觀、具體、協調和統一，即，明確評估標準的主次、重心，客觀地制定切合實際的評估標準；量化評估標準，使之具體化、可操作性強；評估標準之間必須協調並能長期統一，使評估結果更為準確。

3.制定評估方案

根據會展效果的評估目標及標準，確定各階段具體的評估內容和評估方案，包括各段時間安排與抽樣分布、評估的對象和方法、人員安排和經費預算等等。制定評估方案應包括以下內容：

●根據評估項目、對象和方法制定評估方案，明確人員分工，制定各項必要措施。

●設計製作各種測評問卷及情況統計表，如參展商問卷調查表、觀眾問卷表和展覽會舉辦情況統計表等。

●小範圍預測，修改測評問卷。

●對測評人員進行培訓，針對測評困難及問題制定防範措施。

4.實施評估方案

●透過收集現成資料、安排記錄、召集會議、組織座談、利用調查問捲向參觀者收集情況等方式收集各種訊息。

●整理收集的訊息，處理分析數據。

5.撰寫評估報告

根據不同階段的效果測評，彙總分析，對整個展覽活動過程的效果進行總體評價，寫出評估報告。報告內容一般包括評估項目、評估目的、評估過程與方法、評估結果統計分析、評估結論與可行性建議及附錄等。

（三）展會評估內容

展會評估的主要內容包括展覽工作評估、展覽質量評估以及展覽效果評估三大方面。展覽工作的評估有定性的內容，也有定量的內容，評估的主要目的是瞭解工作的質量、效率和成本效益。

1.展覽工作評估

有關展覽工作的評估，主要包括以下幾個方面：

（1）展出目標的評估。主要根據參展公司的經營方針和戰略、市場條件、展覽會情況等評估展出目標是否合適。

（2）展覽效率的評估。是指展覽整體工作的評估指數。評估方法有多種，其中一種方法是統計展覽人員實際接待參觀客戶的數量在參觀客戶總數中的比例；另一種方法也稱作接觸潛在客戶的平均成本，這是一種非常有價值的評估指數。只要有足夠的開支，參展公司可以接觸到所有潛在客戶，但是，應當用最少的開支達到這一目的。這一指數可以直接用貨幣值表示，比如接觸一個潛在客戶開支為200元。

（3）展覽人員的評估。包括展覽人員的工作態度、工作效果、團隊精神等方面，這些不能直接衡量，一般是透過詢問參加過展覽的觀眾來瞭解和統計。另一種方法是計算展覽人員每小時接待觀眾的平均數。美國展覽調查公司1990年的一項調查顯示，在1990年，71%展覽人員被認為是「很好」和「好」，23%被認為「一般」，6%被認為「差」。這是全美國的平均值。該調查指出，如果一個展覽單位的評估結果顯示差的展覽人員超過總數的6%，就應當採取措施提高展覽人員的素質和表現。

其他人員的評估。包括展覽人員組合安排是否合理，效率是否高，言談、舉止、態度是否合適，展覽人員工作總時間多少，展覽人員工作輪班時間是否過長或過短等。

（4）設計工作的評估。定量的評估內容有展台設計的成本效率、展覽和設施的功能效率等。定性的評估內容有公司形象如何，展會資料是否有助於展出，展台是否突出和易於識別等。

（5）展品工作的評估。包括展品選擇是否合適，市場效果是否好，展品運輸是否順利，增加或減少某種展品的原因等。這種評估結果對市場拓展會有一定的參考價值，比如，透過評估可以瞭解哪種產品最受關注，在以後的展出工作中可以予以更多的重視。

（6）宣傳工作的評估。包括宣傳和公關工作的效率、宣傳效果、是否比競爭對手吸引了更多的觀眾、資料散發數量等。對新聞媒體的報導也要收集、評估，包括刊載（播放）次數、版面大小（時間長短）、評價等。

（7）管理工作的評估。包括展覽籌備工作的質量和效率，展覽管理的質量和效率，工作有無疏漏，尤其是培訓等方面的工作。

（8）開支的評估。展覽開支是另一個爭論比較多的評估內容。對於絕大部分參展公司，展覽只是經營過程中的一個環節，因此，展覽直接開支並不是展覽的全部開支，展覽的隱性開支可能很大，精確計算比較困難。但參展開支仍要計算評估，因為它是計算參展成本的基礎。

（9）展覽記憶率的評估。有一項能反映整體參展工作效果的專業評估指數是展覽記憶率，指參觀客戶在參加展覽後8～10週仍能記住展覽情況的比例。展覽記憶率與展出效率成正比，反映參展公司給參觀客戶留下的印象和影響。記憶率高，說明展覽形象突出、工作好；反之則說明展覽形象普通、工作一般。記憶率低的原因主要有：展覽人員與參觀客戶之間缺乏直接交流，缺乏後續聯繫，參展公司形象不鮮明，所吸引的參觀客戶質量不高等。

2.展覽質量評估

參展公司要考核一個展覽會的質量，需要從展會的參展企業數量、售出面積等方面綜合考慮。其中，有關參展企業的評估主要包括：

（1）參展企業數量。這是一個比較直觀簡單的定量內容。

（2）參展企業質量。這是最重要的因素。參展企業質量與展出效率成正比，即參展企業質量高，展出效率就高。

（3）平均參觀時間。指參觀者參觀整個展覽會所花費的時間，該指數與展覽會效果成正比。

（4）平均參展時間。指參展企業參加每次展覽所花費的平均時間。這個指數可以用來安排具體展覽工作，比如操作示範不要超過15分鐘，以便留有時間與參展企業交流。

（5）人流密度指數。指展覽會的參觀者平均數量。如果每10平方公尺有3.2個參觀者，指數就是3.2。一般來說，綜合性的消費展覽會，需要人多；但專業性展覽會不宜太擁擠。美國一項調查結果顯示，美國參展公司對展覽會常使用34項評估標準，其中15項被普遍認為非常重要。

3.展覽效果評估

有關此內容的爭議比較多，其原因主要是對工作項目與工作成果之間關係的理解不同，因此，效果評估工作比較困難。但是參展企業仍應盡力做好展覽效果評估，同時不要將評估結果絕對化。對展覽效果評估的內容包括：

（1）展台效果優異評估。如果展台接待了70%以上的潛在客戶，而客戶接觸平均成本低於其他展台的平均值，其展台效果就是優異。

（2）成本效益比評估。成本效益也可以稱作投資收益，評估因素比較多，範圍比較廣。可以用此次展覽的成本與收益相比，用此次的成本與前次類似項目成本相比，用此次效益與前次或類似項目效益相比，也可以用展出成本效益與其他營銷方式成本效益相比，等等。

一種典型的成本效益比是用展出開支比展覽成交額，要注意這個成本不是產品成本而是展出成本。

另一種典型的成本效益比是用開支比建立新客戶關係數。由於貿易成交比較複雜，用展覽開支比展覽成交不容易準確，而與潛在客戶建立關係是展覽的直接結果，因此與客戶建立關係意味著未來成交，因此，可以把與潛在客戶建立關係作為衡量展覽投資收益的基礎。

（3）成本利潤評估。有一種評估觀點是不僅要計算成本、計算成本效益，還應該計算成本利潤。比如，簽訂買賣合約，先用展覽總開支除以成交筆數，得出每筆成交的平均成本；再用展覽總開支除以成交總額，得出成交的成本效益；最後，用成交總額減去展覽總開支和產品總成本，得出利潤，再用展覽成本比利潤，即成本利潤。也有不同觀點認為，展覽成交可以作為評估的參考內容，但是不能作為評估的主要內容。如果以建立新客戶關係數為主要評估內容，則不存在利潤，因此，不主張評估成本利潤。

是否要進行成本利潤評估，要根據實際環境決定。參加純粹的訂貨會，可以將成本利潤作為評估內容；參加其他形式的貿易展覽會，則可以以成本效益作為主要評估內容。

（4）成交評估。分消費成交和貿易成交。消費性質的展覽會以直接銷售為展出目的，因此，可以用總支出額比總銷售額。然後用預計的成本效益比與實際的成本效益比相比較，這種比較可以從一個方面反映展出效率。

貿易性質的展覽會以成交為最終目的，因此，成交是最重要的評估內容之一，但也是展覽評估矛盾的焦點之一。許多展覽單位喜歡直接使用展出成本與展出成交相比較的方法計算成交的成本效益。要注意這是一種不準確不可靠的方法，因為有些成交確實是由於展覽而達成，而有些成交確實不展出也能達成，更多的成交可能是展覽之後達成的，因此要慎重做評估並慎重使用評估結論。

對成交評估的內容一般有：銷售目標達到沒有、成交額多少、成交筆數多少、實際成交額、意向成交額、與新客戶成交額、與老客戶成交額、新產品的成交額、老產品的成交額、展覽期間成交額、預計後續成交額等等，這些數據可以交叉統計計算。

（5）接待客戶評估。這是貿易展覽會最重要的評估內容之一，主要包括：

①參加展覽的觀眾數量，可以細分為接待參展企業數、現有客戶數和潛在客戶數。

②參加展覽的觀眾質量，可以參照展覽會組織的評估內容標準，分類統計觀眾的訂貨決定權、建議權、影響力、行業、地域等，並按自己的實際情況將參展觀眾分為「極具價值」、「很有價值」、「一般價值」和「無價值」等情況。

③接待客戶的成本效益。計算方法是用展覽總支出額除以所接待的客戶數或者所建立的新客戶關係數。

閱讀資料：觀眾指標

觀眾質量指標是指潛在顧客數、淨購買影響、總購買計劃和觀眾的興趣因素值；觀眾活動指標是指觀眾在每個展位花費的時間和每個展位前的交通密度；展覽有效性指標是指每個潛在客戶產生的成本、記憶度和潛在客戶產生的銷售額；觀眾的興趣因素值是指至少參觀20%的感興趣展位的參觀者在總觀眾中的比例，通常在45%左右。一般來說，展位限定的範圍越窄，觀眾的興趣因素值越高；展會的規模越大，觀眾的興趣因素值越小。所以展覽並非越大越好，因為大多數觀眾不會按展會規模的擴大而無限地延長參觀時間。觀眾在每個展位花費的參觀時間大致為20分鐘，有關資料表明，在2天展期的展覽中，觀眾一般要花費7～8個小時參觀約21個展位。而在展覽中與參展企業有過一對一接觸的潛在顧客，比例通常在60%左右；表現出色的企業其潛在顧客則至少達到70%以上。

（四）展會評估報告

展會評估報告是展會評估活動過程的直接結果。具體要求：①語言簡潔，有說服力。②報告必須以嚴謹的結構，簡潔的體裁將調查過程中各個階段收集的全部有關資料組織在一起，不能遺漏重要的資料，但也不能將一些無關資料統統寫進去。③注意仔細核對全部數據和統計資料，務必使資料準確無誤。④報告應該對展會評估活動所要解決的問題提出明確的結論或建議。

展會評估報告可能因評估的具體內容而有所區別，但一般來說都應該包括以下幾個部分：

1.評估的背景和目的

在評估背景中，調查人員要對評估的由來或受委託進行評估的具體原因加以說明。說明時，最好以有關的背景資料為依據，分析展覽活動等方面存在的問題。

2.評估方法

（1）評估對象：說明從什麼樣的對象中抽取樣本進行評估。

（2）樣本容量：抽取多少觀眾作為樣本，或選取多少實驗單位。

（3）樣本的結構：根據什麼樣的抽樣方法抽取樣本，抽取樣本後的結構如何，是否具有代表性。

（4）資料採集方法。

（5）實施過程及問題處理。

（6）資料處理方法及工具。指出用什麼工具、什麼方法對資料進行簡化和統計處理。

（7）訪問完成情況。說明訪問完成率及部分未完成或訪問無效的原因。

3.評估結果

評估結果是將評估所得的資料整理出來。除了用若干統計表和統計圖來呈現以外，報告中還必須對圖表中的數據資料隱含的趨勢、關係和規律加以客觀描述，也就是說要對評估結果加以說明、討論和推論。評估結果所包含的內容應該反映出評估目的。並根據評估標準的主次來突出所要反映的重要內容。一般來說，評估結果中應包括以下內容：展台效果；成本效益比；成交筆數；成交額；接待客戶數量；觀眾質量等等。

4.結論和建議

要用簡潔明晰的語言作出結論。如闡述評估結果說明了什麼問題，有什麼實際意義。必要時可引用相關背景資料加以解釋、論證。建議是針對評估結論提出可以採取哪些措施以獲得更好的效果，或者是如何處理已存在的問題，最好能提供有針對性的行動方案。

複習思考題

一、填空題

1.展會的現場管理主要有：開幕式、______、佈展與撤展管理、______、現場廣告管理、新聞管理和突發事件管理。

2.國際博覽會聯盟（UFI）對展覽會進行評估和資質認可是建立在品牌展覽會基礎上的。規定的註冊標準為：展覽會必須是由同一個主辦單位連續經營______以上，如果是國際展覽會，展出面積應在______平方公尺以上，國際化達______，海外觀眾達______，除此之外還要有一定比例的預算經費用於海外推廣。

3.德國展覽業是由______進行審批、調整、監督、管理等工作。

4.FKM審計的內容主要有三大項：場地面積、______、參展商的總數。

5.有一項能反映整體參展工作效果的專業評估指數是______，指參觀客戶在參加展覽後8～10周仍能記住展覽情況的比例。

二、選擇題

1.下列哪一個國家往往要會員對其展覽會進行第三者審計，即聘請一家獨立的審計公司對展覽會的整體效果進行評估______。

A.德國　B.法國　C.英國　D.美國

2.對佈展和撤展，最重要的是要進行什麼管理______。

A.現場施工安全　B.時間　C.展台效果　D.人員配備

3.______指標是指潛在顧客數、淨購買影響、總購買計劃和觀眾的興趣因素值。

A.觀眾質量　B.觀眾活動　C.展覽有效性　D.觀眾數量

三、問答題

1.展會開幕式的組織籌劃主要涉及哪些內容？

2.展會觀眾註冊應該注意哪些問題？

3.展會現場管理主要包括哪些內容？

4.展會評估的具體內容有哪幾方面？具體的程序有哪幾步？

5.德國會展評估體制對我們的借鑑意義有哪些？

第九章　會展人力資源管理

◆本章重點◆

透過本章的學習，掌握會展人力資源管理系統的構成，瞭解人力資源計劃、招聘、培訓、考核和激勵的基本問題和主要方法，熟悉會展公司人力資源管理的基本運作。

◆主要內容◆

●會展人力資源計劃

人力資源計劃的影響因素；人力資源計劃的基本程序；人力資源的需求預測方法；人力資源的供給預測方法

●會展人力資源招聘

招聘策略的制定；內部招聘和外部招聘；員工面試和甄選；招聘評估

●會展人力資源培訓

培訓的需求評價；培訓的方法與選擇；培訓效果評估

●會展人力資源績效考核

績效考核的意義；績效考核的程序；績效考核的方法

●會展人力資源激勵

人力資源激勵的原則；人力資源激勵的方法

會展是一個新興行業，目前大多數從業者都是半路出家的，這些人員雖然有一定的實踐經驗，但專業底子薄，對國際展會運作模式也瞭解不夠，因此專業人才缺乏、專業團隊建設滯後，已成為會展業快速前進的瓶頸。另外，會展專業人員的流動性強也是影響會展業發展的一個重要因素。

要解決上述問題，一方面要依靠院校和專業機構的教育培訓，例如德國、美國、英國等國家在大專院校都設有展覽專業，系統地向學員講授展覽理論知識。那麼怎樣加強會展企業人力資源的管理呢？本章運用人力資源管理理論將從計劃、招聘、培訓、考核和激勵這一視角進行分析。

第一節 會展人力資源的計劃

一、會展人力資源計劃的影響因素

會展人力資源計劃，是指根據會展企業的發展規劃，對企業未來的人力資源的需要和供給狀況進行全面分析及估計，並以此為依據進行職務編制、招聘和甄選、人員配置、教育培訓等活動。在制定人力資源計劃時，應多方考慮，以作出既符合企業發展需要又對員工發展有利的全面規劃。總體說來，主要有以下幾個方面：

（一）會展企業外部的影響因素

（1）總體經濟形勢。會展經濟被稱為國民經濟發展的「晴雨表」，會展業的繁榮與否在一定程度上是總體經濟形勢或某個行業發展情況的反映，所以其人力資源供給情況受總體經濟形勢的影響。經濟蕭條時期，人力資源獲得成本和人工成本低，但是會展業也相應萎靡，提供的就業機會少；通貨膨脹階段，勞動力成本高，企業會因為成本原因而減少用人數量。

（2）人才市場供求狀況。目前而言，會展人才還是屬於緊缺人才，因此會展企業從外部補充人力資源受到一定程度的限制，這在一定程度上也影響了會展企業的人力資源計劃工作。

（3）政府的法規。如，政府有關人員招聘、工作時間、最低工資的強制性規定，會影響企業的人力資源計劃。

（4）技術與媒體。電腦網路技術等大眾傳媒的產生、更新，使得招聘計劃也發生變化，運用電腦網路技術作為媒體可以大大提高訊息傳播速度和增加訊息涵蓋面，借助於電腦技術的人力資源訊息系統（HRMS）也將對傳統的人力資源管理活動產生深遠的影響。

（二）會展企業內部影響因素

（1）企業的一般特徵。企業的行業屬性、產品的組合結構、產品的銷售方式等，決定企業對人力資源數量和質量的要求。就會展公司而言，對人力資源綜合素質的要求很高，這對會展公司員工的招聘和培訓都有重要意義。

（2）企業的發展目標。會展企業規模的擴大、展覽類別或性質的改變以及受眾的轉移等，會導致企業人力資源層次、結構及數量的調整。

（3）企業文化。如果企業的凝聚力強、員工的進取心強，員工的流動率較小，則企業可立足於對現有員工進行培訓和晉升來滿足企業發展對人力資源質量上的新需求。由此，企業人力資源計劃的重心應放在培訓、晉升和職業生涯規劃上。

二、會展人力資源計劃的基本程序

會展企業必須根據企業自身的整體發展戰略目標和任務來制定人力資源計劃。一般來說，會展企業的人力資源計劃編制要經過以下幾個階段：

（一）前期準備

透過調查研究，取得人力資源所需的訊息資料是這一階段的主要任務。所要獲得的訊息內容包括企業外在環境的變化趨勢、企業經營戰略的發展、企業內部情況的分析以及人力資源的現狀分析。其中，對於內部人力資源的使用及工序調查是人力資源計劃中最重要的部分。核查現有人力資源狀況，包括現有人力資源的數量、質量、結構及分布狀況。這一階段的工作需要結合人力資源管理訊息系統和職務分析的有關訊息來進行。

（二）預測企業未來人力資源的供給狀況，制定人力資源的供給計劃

透過對本企業內部現有各種人力資源的認真測算，並對照本企業在一定時期內人員流動的情況，即可測算出本企業在未來某一時期裡可能提供的各種人力資源狀況。

（1）對本組織內現有的各種人力資源進行測算。包括各種人員的年齡、性別、工作簡歷和教育、技能等方面的資料；目前本組織內各個工作崗位所需要的知識和技能以及各個時期人員變動的情況；員工的潛力、個人發展目標以及工作興趣愛好等方面的情況。

（2）分析組織內人員流動的情況。企業組織中現有員工的流動可能有這樣幾種情況：①滯留在原來的職位上；②平行職位的流動；③在組織內的提升或降職；④辭職或被開除出本組織；⑤退休、工傷或病故。

會展企業的人力資源供給預測就是為滿足企業的人力資源需求，而對將來某個時期內，企業從其內部和外部所能得到的員工的數量和質量進行預測。影響會展人力資源供給的因素可以分為兩大類：

（1）地區性因素，其中具體包括：會展企業所在地和附近地區的人才密度和構成；當地會展業的發展狀況；當地會展人才的儲備、培養以及供求狀況；當地的就業水平、就業觀念；企業當地的科技文化教育水平。

（2）全國性因素，其中具體包括：全國人才構成和供給；全國會展人才的供求狀況；全國範圍內不同會展城市的比較優勢；會展業的發展前景等。

（三）預測企業未來對人力資源的需求，制定人力資源需求計劃

人力資源需求預測，主要是根據企業的發展戰略規劃和本企業的內外部條件選擇預測技術，對人力資源需求的結構和數量、質量進行預測。在預測人力資源需求時，應充分考慮各種因素對人力資源需求在數量上和質量上以及在構成上的影響。總的說來，進行人力資源需求預測時，需要考慮的因素主要包括：①組織結構和職位的設置；②員工的質量與性質（如工作情況、定額及勞動負荷等）；③可能的員工流動率（辭職或終止合約）；④企業的發展目標。

（四）進行人力資源供需方面的分析比較，制定招聘和培訓計劃

這一階段的工作內容是將企業人力資源需求的預測數與在同期內組織自身可供給的人力資源數進行對比分析。從比較分析中預測出對各類人員的所需數，為企業的招聘培訓提供依據。

（五）制定人力資源總體計劃

在上述工作基礎上，制定出人力資源的總規劃，並將有關的政策和措施呈交最高管理層審批。

（六）規劃的實施、評價與反饋

在總規劃及各項分類計劃的指導下，確定企業如何具體實施計劃，是這一階段的主要工作內容。另外，應該建立一整套報告程序來保證對計劃的監控。由於不可控因素的影響，常會發生令人意想不到的變化或問題，如果不對計劃進行動態的監控、調整，人力資源計劃最後可能成為一紙空文，失去指導意義。因此，對計劃的評價並將訊息反饋是最後一項工作。

評價要客觀、公正和準確，同時要進行成本一效益分析以及審核計劃的有效性。在評價時，一定要徵求部門經理和基層負責人的意見，因為他們是計劃的直接受益者，最有發言權。另外要注意使評價連續化。

第二節　會展人力資源的招聘

會展一般是低投入、高回報的行業，它主要是靠會展主辦者和參展方人員的佈展技術和業務素質，來達到商品營銷中的隱性高回報的。業界曾有人說，有了好的會展經營人才，會展就成功了一半，因此，各會展主辦單位特別注重會展人才的選聘。

一、會展員工招聘工作的基本程序

會展員工招聘的基本程序包括：制定招聘計劃、確定招聘策略、甄選、聘用、招聘評估五個步驟。

（一）制定招聘計劃

根據企業的人力資源計劃，在掌握有關各類人員的需求訊息，明確有哪些職位空缺的情況後，就可以編制企業招聘計劃了。企業的招聘計劃通常包括：招聘人數、招聘標準、招聘對象、招聘時間和招聘預算等內容。

在招聘過程中，企業必須計劃吸引到比空缺職位更多的求職者。但究竟吸引到的申請者應該比錄用的人數多多少才是合適，這就需要計算投入產出的比例。投入是指全部申請者的數量，而產出則是招聘結束後最終到企業報導的人數。估算產出比的一個有效工具是招聘產出金字塔，利用這種方法，可以知道，要獲得最終一定數量的人員，必須吸引多少個申請者才能有保證。例如，某會展公司需要在明年招聘兩名財會人員，而在勞動力市場上，接到錄用通知的人與實際報到的人數比為2：1，被面談的應聘者與被提供職位的應聘者的比例為3：2，被邀請參加面談的人與實際參加面談的人的比例為4：3，而這些被邀請面談的人又是從最初的被吸引的申請者中產生出來的，假如其比例為6：1，那麼，這個公司最初吸引的申請者應為48人。

當然，在不同的國家、不同的時期，甚至在同一個國家的不同地區，每一步的產出率都是不一樣的。這些比例的變化與勞動力市場供給有很大的關係。勞動力供給越充足比例會越小；需要的勞動力素質越高，剔除比例越小。另外，在招聘廣告中如果招聘要求說明得非常詳細，那麼就可以提高申請階段的產出率。

（二）制定招聘策略

招聘策略是為了實現招聘計劃而採用的具體策略，具體包括招聘地點的選擇、招聘管道和方法的選擇、招聘時間的確定、招聘的宣傳策略等。

1.招聘地點的選擇

為了節省開支，會展公司應將其招聘的地理位置限制在最能產生效果的勞動力市場上。一般來說，高級管理人員在全國範圍內招聘；中級管理人員在跨地區的勞動力市場上招聘；一般辦事人員常常在企業所在地的勞動力市場上招聘。另外，招聘地點也應該有所固定，這樣才能節約招聘成本。因為經常在某個市場上招聘，情況熟悉，有利於招聘。

2.招聘時間的選擇

一般說來，招聘日期的計算公式如下：

招聘日期＝用人日期－培訓週期－招聘週期

例如，某公司的用人日期為2017年7月1日，培訓週期為兩個月，招聘週期為一個半月，按上式計算，應從2017年3月15日開始著手招聘。

3.招聘管道和方法的選擇

任何一種確定的招聘方案，對應聘者的來源管道以及企業應採取的招聘方法都要作出選擇，這是招聘策略中的主要部分。

4.招聘中的組織宣傳

在「推銷」企業提供的職位時，應該向求職者傳遞準確有效的訊息。一般來說，職位薪水、工作類型、工作安全感等，是影響人們選擇工作職位和工作單位的最重要的因素；其次為晉升機會、企業的位置等。企業的管理方式、企業文化、工作條件、同事、工作時間也是不可忽視的因素。企業應該以誠實的態度傳遞訊息，否則，不僅不能給企業帶來好處，反而可能給企業帶來負面影響。

（三）甄選

甄選候選人是招聘過程中的一個重要組成部分，其目的是將不合乎職位要求的申請者排除。主要的甄選手段是測試，包括面試、心理測試、知識測試、情景模擬等。

（四）錄用

對經過甄選合格的候選人，應作出聘用決策。對決定聘用的求職者要發出正式通知，並與之簽訂勞動合約，對不予錄用者也要致函表示歉意。

（五）招聘評估

招聘評估包括招聘成本評估和錄用人員評估。透過評估可以發現招聘工作中存在的問題，以便在將來的工作中進行修正。

二、會展員工招聘管道的選擇

招聘管道有內部管道和外部管道兩種。使用哪種招聘管道取決於會展公司所處地方的勞動力市場，招聘職位的性質、層次和類型，以及公司的規模等一系列因素。在內外兩個招聘管道中又有不同的招聘管道。

（一）內部招聘

說到招聘，大多數人更多想到的是從外部招聘，而忽略了公司的現有員工也是一個重要的來源。

1.內部提升

當企業中有比較重要的職位需要招聘工作人員時，讓企業內部符合條件的員工，從一個較低的職位晉升到一個較高級的職位的過程就是內部提升。

2.工作調換

工作調換也稱為「平調」，它是指職務的級別不發生變化，工作職位發生變化。工作調換可為員工提供從事組織內多種相關工作的機會，為員工今後提升到更高的職位做好準備。

（二）外部招聘

內部招聘由於選擇範圍有限，往往無法滿足組織用人的需要，尤其是在公司初創的時候或需要大規模招聘員工時，僅透過內部是無法解決人力資源的短缺問題的，必須借助於外部的勞動力市場。外部招聘管道主要有：

1.媒體廣告

透過廣播、報紙、電視和行業出版物等媒體向公眾傳達組織的招聘需求訊息是外部招聘的一個重要管道。媒體廣告具有訊息傳播範圍廣、速度快、應聘人員數量大、層次豐富、組織選擇餘地大的特點，但是招聘時間較長，廣告費用較高。

2.職業介紹機構

在招聘過程中，經常使用的職業介紹機構主要有公共介紹結構和私人介紹機構兩類。

（1）公共職業介紹機構。主要包括人才交流市場、職業介紹所、勞動力就業服務中心等。在中國，公共職業介紹機構在招聘中發揮著重要的作用，經過多年的發展，中國公共職業介紹機構已經相當的發達，基本上形成了涵蓋全國的勞動力市場體系。利用公共職業介紹機構，公司可以擁有較大的選擇餘地，招聘者和應聘者可以進行面對面的交流，增強瞭解，從而縮短招聘時間。而且公共職業介紹機構收費合理，有時甚至免費。但是依靠公共職業介紹機構招聘時，人才匹配的成功率較低。

（2）專職獵頭公司。隨著市場經濟的發展，「獵頭公司」開始在招聘中高級管理人員中發揮越來越重要的作用。由於「獵頭公司」對組織的人力資源需求狀況和求職者的情況較為瞭解，所以匹配成功率較高，企業可以較容易地找到符合要求的高級管理者，而且可以節約大量的時間。但是「獵頭公司」收費較為昂貴，非一般公司所能承受得起。

3.學校招聘

學校是人力資源的重要來源，大學畢業生綜合素質較高，具備巨大的發展潛力，而且思想較為活躍，可以為公司帶來一些新的管理理念和技術，有利於組織的長遠發展。但是學校招聘也有明顯的不足之處：一是學校畢業生普遍缺少實踐經驗，需要較長時間的培訓；二是新招聘的畢業生無法滿足公司及使用人的需要，需要較長時間的相互適應期；三是招聘所費時間較多，成本也相對較高；四是在大學中招聘的員工到職率較低，離職率較高。

4.員工推薦

員工推薦是指由本公司員工根據組織的用人需要，推薦其熟悉的符合條件的人員，供用人部門和人力資源部門進行選擇和考核。由於推薦人對組織招聘的政策、要求、候選條件以及被推薦人的基本情況較為瞭解，推薦時可以有的放矢，減少人力資源的搜尋成本，節約時間，提高招聘的成功率。但是這種方法容易成為一些人乘機安插親信的手段，造成組織的幫派現象；而且為了安插親朋好友，可能降低條件要求，影響員工素質；特別是一些高層管理者的推薦，為以後自己控制公司創造了條件，影響組織發展。

5.顧客推薦

顧客作為員工候選人的來源經常被人忽視。顧客本人可能就正在尋求工作變動之機，或者他們認識的某人有可能成為某一職位的優秀員工。在填補銷售或服務職位時，顧客推薦可能十分有用。

對於會展公司而言，這方面的資源也相當豐富，與公司打交道的大量參展商的員工以及大量的會展參觀者都有可能是公司所要尋找的優秀員工。

6.網路招聘

隨著訊息技術的發展和電腦的普及，網上招聘開始受到青睞。

網路招聘訊息傳播範圍廣、速度快、成本低、供需雙方選擇餘地大且不受時間空間的限制。但是目前相對來說還不是招聘的主要管道：一是電腦在中國普及率還不是很高；二是專門的招聘網站較少，且訊息資源不是很豐富；三是一些網站還缺乏規範化管理，訊息可靠性較低。

在選擇招聘管道時，會展公司應通盤考慮自身情況。例如公司的辦展方向、辦展的方針、公司現有人力資源的狀況（結構、數量等）、會展人才的供給情況（數量和來源）等等。

另外招聘管道與職位的類型、級別有很大的關係。技能及管理層次越高的職位，越需要在大範圍內進行招聘，如，在區域性的、全國性的甚至跨國範圍內進行。發達國家的一些研究表明，職位的類型是決定使用哪一種管道的重要因素。一項調查顯示，對管理職位來說，使用最多的是內部招聘、報紙廣告，其次是私人就業機構；對於專業和技術職位來說，使用最多的是校園招聘，其次是報紙、專業雜誌廣告；對於展位銷售人員，企業使用最多的是報紙廣告。

總之，任何一種招聘管道，都既有優點又有缺點，公司應全面考慮各種因素，綜合利用各種管道，這樣才能盡可能地招聘到需要的員工。

三、會展員工測試與甄選

甄選過程就是根據既定的標準對申請人進行評價和選擇，它是招聘過程中的重要階段，企業能否最終選擇到合適的人選，很大程度上取決於這一步。一般包括以下工作：

（一）資格審查與初選

資格審查即人力資源部門透過閱讀申請人的個人資料或申請書，將明顯不符合職位要求的人員排除，然後人力資源部門將符合要求的應聘者名單與資料交給用人部門，由用人部門進行初步選擇。初選工作的主要任務是從合格的應聘者中選出參加面試的人員。

（二）面試

對於初選的應聘人員，公司要直接瞭解其具體情況並對眾多的應聘者加以對比，最直接的方法就是面試。面試在會展公司的人員招聘中起著非常重要的作用。

根據面試的組織形式，可以將面試分為結構式面試、非結構式面試和壓力面試。結構式面試是指在面試之前已有一個固定的框架（或問題清單），面試主持人根據面試框架控制整個面試過程，嚴格按照問題清單對應聘者進行提問。非結構式面試無固定的模式，面試主持人只要掌握組織、職位的情況即可，問題多是開放式的，著重考察應聘者理解與應變能力。壓力面試是透過嚮應聘者提出一個意想不到的問題，通常具有敵意性和攻擊性，借此考察應聘者的反應。這種方法主要考察應聘者的承受壓力、調整情緒的能力，測試應聘者應變能力和解決緊急問題的能力。

另外有兩種較新的面試形式，即BD面試和能力面試。BD面試即行為描述面試（Behavior Description Interview），這是基於行為連貫性原理發展起來的。透過這種面試可以瞭解兩方面的訊息：第一，應聘者過去的工作經歷，判斷他選擇本組織的原因，預測應聘者未來在本組織的行為模式；第二，瞭解他對特定行為所採取的行為模式，並將其行為模式與組織空缺職位所要求的行為模式進行比較。而能力面試著重考察的是應聘者如何去實現所追求的目標。面試過程大致如下：先確定空缺職位的責任和能力，明確它們的重要性；然後，詢問應聘者過去是否承擔過類似的職位，或是處於過類似的「情景」，若有類似經歷，則再確定他們過去負責的任務，進一步瞭解一旦出現問題時他們所採取的「行為」，以及這項「行為」的結果。

（三）測試

測試是在面試的基礎上對面試者進行深入瞭解的一種手段。其主要目的是透過這種方式，消除在面試過程中面試主持人因主觀因素對面試的干擾，提高招聘的公平性，剔除應聘資料與面試中的「偽訊息」，提高錄用決策的準確性。常見的測試類型包括：

1.智力測試

智力測驗所測試的能力不只是一個單獨的智力特徵，而是一組能力，包括觀察能力、記憶能力、想像能力、思維能力等等。智力的高低直接影響到一個人在社會上是否成功，測試智力的工具是智商，但是要注意的是，智商所反映的只是一個人相對於平均智力水平的程度，不能絕對化，如果絕對化了，智力測試就會進入誤區，甚至高分低能。因此智力測試要與其他測試方法結合使用。

2.個性測試

雖然個性並無優劣之分，但是卻是施展才華，有效完成工作的基礎。許多研究證明，個性特點與工作行為關係極大。會展公司對員工的吃苦耐勞的精神、主動性和創造性以及溝通能力等都有較高的要求，所以個性測試對於會展人員的招聘具有重要意義。

3.情景模擬測試

情景模擬測試是根據受試者可能擔任的職務的特點，設計一種與實際工作近似的情景，讓受試者置身其中處理有關事務，以此來測試其素質和能力。主要形式有：

（1）無領導小組討論法

該方法由美國管理學家、教授邁克爾·米修斯提出。無領導小組討論法是指一組受試者開會討論一個實際經營中存在的問題，討論並不指定誰來主持會議，只是在討論中觀察每個受試者的發言和表現，以便瞭解受試者的心理素質和潛在能力的一種測試方法。此種方法可以測試受試者的領導能力、說服能力和協調能力等。

（2）公文處理模擬法

這是一種專門為招聘到合格的管理人員和部門領導者而設計的。在測試時，嚮應聘者提供在他將擔任職位的工作中可能遇到的各類公文，有下級呈上的報告、請示、計劃、預算、統計部門的備忘錄，上級的指示和批覆、各種來電、傳真等等。要求受試者在規定的時間和條件下進行處理，並根據應聘者處理公文的速度、質量和處理公文的輕重緩急等指標進行評分。這種方法比較科學和公平，近年來採用較多。

（3）訪談法

主要有三種形式，分別為電話溝通、接待來訪者和拜訪有關人士。電話溝通可以反映受試者的心理素質、文化修養、口頭表達能力和反應能力等。接待和拜訪有關人士可以考察其待人接物的技巧、駕馭談話和處理問題的能力以及應對各種突發事件的能力等。

（4）企業決策模擬法

此方法的具體做法是：應聘者4～7人組成一個小組，該小組就是模擬中的企業，小組在協商的基礎上規定好每人應擔任的職務，各個「企業」根據組織者提供的統一的「原材料」，在規定的時間內「生產」出自己的產品，再將這些產品「推銷」給組織者。這種方法可以測試應聘者的綜合素質，如進取心、主動性、組織計劃能力、溝通能力、群體內協調能力、創造能力等。

另外，招聘測試還包括體格測試、興趣測試、專業技能和知識測試等，各種測試都各有側重點，應根據企業的具體情況，招聘職位的特點和要求，科學地選擇測試方法，並注意各種方法的綜合應用。

四、會展員工招聘評估

招聘評估包含以下兩方面的內容：一是招聘結果的成效評估，主要從成本和效益兩個方面來分析；二是錄用人員的評估，主要從錄用人員的數量和質量角度來進行。

（一）招聘的成本效益評估

1.招聘成本

招聘成本包括招聘總成本和招聘單位成本。招聘總成本即所有本次招聘所花費的成本，其中包括直接成本，即招聘費用、選拔費用、錄用員工的家庭安置費用和工作安置費用等，還包括間接費用，如間接相關人員的工資。招聘單位成本指每招聘一名員工所花費的費用，即招聘總成本與錄用人數之比。招聘總成本和單位成本越低，效果越好。

2.成本效用評價

即對招聘成本所產生的效果進行分析。它主要包括：招聘總成本效用分析、人員錄用成本效用分析。計算方法如下：

總成本效用＝錄用人數÷招募總成本

人員錄用成本效用＝正式錄用的人數÷錄用期間的費用

評價：分子越大，或分母越小，效用越大。

（二）錄用人員的評估

對錄用人員從數量和質量進行評估，是判斷招聘工作質量的另一個重要指標。主要的計算公式為：

錄用比＝錄用人數÷應聘人數×100%

招聘完成比＝錄用人數÷計劃招聘人數×100%

應聘比＝應聘人數÷計劃招聘人數×100%

錄用比越小，相對來說，錄用者的素質越高；反之，則可能錄用者的素質較低。如果招聘完成比等於或大於100%，則說明在數量上全面或超額完成計劃。應聘比越大，說明發布訊息招聘效果越好，同時說明錄用人員可能素質較高。對錄用人員質量的評估，除了運用錄用比和應聘比這兩個指標外，還可以根據招聘的要求或職位分析中的要求對錄用人員進行等級排列來確定其質量。

第三節　會展人力資源的培訓

一、會展人力資源培訓概述

（一）會展人力資源培訓的內涵

會展人力資源培訓是指在組織發展目標和員工個人發展目標相結合的基礎上，有計劃有系統地組織員工從事學習和訓練，增長員工的知識，提高員工的技能，改善員工的工作態度，激發員工的創新意識，提高員工的整體素質，保證員工能夠按照預期的標準或水平完成正在承擔或將要承擔的工作與任務的活動。從某種意義上說，它是企業人力資產增值的重要途徑，是企業組織效益提高的重要途徑。

（二）會展公司員工培訓的必要性

會展業是高收入高盈利、前景廣闊的朝陽產業，對相關經濟有極大的帶動作用，因而，近年來會展業發展迅速。目前，會展數量每年以20%左右的速度遞增。

然而，目前會展公司專業人才缺乏、專業團隊建設滯後。在從業人員中，管理層大多是行政配備、半路出家；會展設計人員多由其他專業轉行而來；展會項目的招展營銷人員雖具備簡單的外語水準，但卻很少有人是學經濟學或管理學出身；工程、製作、施工人員更是來自各行各業，遠未形成會展的專業化團隊。培訓日益受到會展企業的重視。

（三）會展公司員工培訓的特點

（1）培訓內容的針對性和實用性。培訓內容的選擇要根據工作內容和職位要求而定，要有利於提高員工的實際工作能力。盲目的培訓只會浪費大量的時間和精力，降低工作效率。

（2）培訓形式的靈活性和多樣性。要根據公司的實際情況、工作性質以及員工的自身特點，靈活選擇培訓形式，不僅要相對穩定，更要注意彈性和靈活性，做到反應迅速，適應性強。

（3）培訓時間上的經常性、長期性和速成性。現代社會經濟和科學技術的日新月異，要求人們接受繼續教育和終身教育。這就決定了培訓的經常性和長期性。另外培訓是為工作服務的，是為瞭解決工作中遇到的問題，所以要求培訓週期短，具有速成的特點，以便解決好工作與學習的矛盾。

（4）培訓的全員性。員工培訓是全員性培訓，凡是在職的公司員工，無論是一般員工，還是經營管理者，無論是資深的老員工，還是閱歷較淺的年輕員工，都有要求培訓的權利和接受培訓的任務。

二、會展公司員工培訓的過程

為了保證培訓活動能最大限度地改善員工個人與組織的績效，培訓活動應是一個科學安排的系統化的過程，這個過程包含以下三個階段：

第一階段：培訓需求評價階段。這是整個培訓工作的基礎，它主要解決為什麼培訓和培訓的內容與目標是什麼的問題。在這個階段主要進行培訓的需求分析與評價，以及確定培訓的內容與目標。

第二階段：這個階段主要完成兩項工作，即設計培訓方案和實施培訓。具體地說，就是在培訓需求評價階段的基礎上，精心選擇恰當的學習方法和培訓方法以及具體實施培訓。它主要解決怎樣教和怎樣學的問題。

第三階段：培訓方案評價階段。該階段是考查培訓得怎麼樣的問題，即效果問題。它透過比較員工接受培訓前後的績效差異來考核培訓工作的效果。該階段必須提供一個連續的反饋訊息流，以便於重新評價培訓需求，為下一輪員工培訓提供訊息。

三、會展公司員工培訓需求評價

會展公司在作出培訓決定之前應認真詳細分析企業特點，如經營戰略、所處區域、主要承辦的展覽的性質及目標受眾，以及目前員工的知識和技能情況，然後根據分析作出培訓決策。具體需從組織、任務、個人三個層面進行。

（一）組織需求分析

組織需求分析，是指根據企業的經營戰略對培訓需求所做的分析，目的是保證培訓符合組織的整體目標與戰略要求。具體要對組織的經營戰略，人力資源現有種類、數量和質量，員工流動率，組織的生產效率等進行分析。這一分析可使企業從戰略高度來認識培訓工作。

（二）任務需要分析

任務需求分析包括對任務的分析及對需要在培訓中加以強調的知識、技能和行為的分析。任務分析的結果是有關工作活動的詳細描述，包括員工執行任務和完成任務所需要的知識、技術和能力的描述。例如，展覽公司首先要確定哪些是策劃人員的任務？哪些是招展人員的任務？哪些是展台設計人員的任務？各類人員完成工作任務所需要的各種知識和技能是怎樣的？最後再決定哪些人需要培訓？這些人需要什麼樣的培訓？

（三）個人需求分析

個人需求分析是將員工目前的實際工作績效與公司的員工績效標準進行比較，或者將員工現有的技能水平與預期未來對員工技能的要求進行對照，從而確定哪些人需要培訓的分析。其目的是向員工提供個性化的培訓。

四、會展公司員工培訓的方法及實施

選擇培訓方法要全面考慮培訓的目的、培訓的需求、培訓的內容與教材、受訓人員的層次與水平等諸多因素。

（一）目前會展人力資源培訓的主要方式

1.培訓班

培訓班是目前會展人力資源培訓的主要方式。培訓班有不同的類型。按組織者分，有行業協會和高校聯合舉辦的培訓班，有政府組織和外國研究機構合作舉辦的培訓班；按時間分，有長期培訓班和短期培訓班；按性質分，有認證性培訓班和進修性培訓班；另外還有國內培訓班和國外培訓班。

培訓班可以比較全面地講授會展業的相關專業知識，幫助會展業人員加強對會展業的宏觀認識。但是，很多培訓班缺乏系統的教材和教學內容，只是邀請學術界和行業內的專家作作報告，缺乏操作性。

2.研討會

邀請各方學者和企業成功人士作報告，共同探討發展中的突出問題，交流實際工作中的成功做法，以各取所長，共同發展。研討會可增強人們對於會展發展的宏觀性、戰略性問題的認識，但是不利於基本知識和技能的培養，而且可以參加研討會的人畢竟是少數，範圍有限。

3.到國外知名的會展公司短期工作

這種實地學習的方式可以讓員工更加直接真切地感受國外會展的運作模式，掌握先進的管理經驗和操作技巧以及國外辦展的先進思維。但是要注意把國外的先進思想和經驗與本國、本地區的實際情況相結合，避免盲目照搬而造成的損失。

4.「師傅帶徒弟」

這是目前會展公司對新員工的最常見的培訓方式。這種方式有利於新員工迅速熟悉和適應工作和環境，但是卻不利於公司員工向更高層次發展。

（二）其他形式

1.工作輪換

將員工由一個職位調到另一個職位，可以拓寬受訓者的知識技能和經驗，使其勝任多方面的工作，同時，還可增加培訓工作的挑戰性和樂趣。會展業既需要專才又需要通才，透過這種方式，可以讓員工接觸不同的工作領域，從而掌握比較全面的工作技能和技巧。但是這種方法容易造成受訓人及其同事的短期化行為，很難形成專業特長。

2.導師制

「導師」是指經驗豐富、卓有成效的高級管理人員或技術人員，一般不是受訓者的直接上司，與受訓者沒有緊密的利害關係。導師制，即由導師負責引導和培養受訓者。這種方法主要應用在管理人員和專業技術人員的開發中。信任、合作、尊重和責任感是此種方法成功的重要條件。

3.設立「助理」職位

選擇有潛力的員工，讓其在一段時間內擔任某職務的助理，從而增強對這一職務的瞭解，幫助他增加工作經驗和培養勝任這一職務的能力，直到受訓者能夠獨立承擔這一職務的全部職責。

4.建立學習型組織

單純依靠培訓是被動的表現，企業應致力於建立學習型組織，培養員工積極主動學習的自覺性。學習型組織是以訊息和知識為基礎的組織，這種組織實行目標管理，成員能夠自我學習、自我發展和自我控制。學習型組織的建立需要一定的制度和相應的企業文化的支持。

以上列舉的八種方法各有優勢和不足，適用於不同的組織、人員和需求。會展企業應根據各自的企業特點、人員狀況作出正確的選擇，進行合理的組合和運用。

五、會展培訓效果的評價

培訓效果評價是員工培訓的重要階段，培訓效果評價工作做得好壞直接影響企業培訓工作的質量。透過培訓效果評價可以及時總結經驗，發現問題，使培訓方式和培訓內容的選擇更適合本企業的特點，從而有效地指導未來的培訓工作。

關於培訓效果評價，有不少學者進行過研究。美國學者唐納德·科克帕特里克（D.L.Kirkpatrick）提出的四層次框架體系是最常用的一種（見表9.1）。該體系認為培訓效果測定可分為四個層次：第一層次，即測定受訓者對培訓項目的反應。如果受訓者對所學內容不感興趣就不會認真學習，培訓效果也不會好。第二層次，即測定受訓者對所學內容的掌握程度。第三層次，即測定受訓者在培訓後，與工作相關的行為發生了哪些變化？如果受訓者運用所學的知識，改進了工作方法，就說明培訓有效。第四層次，即透過評價企業業績的提高程度，測評培訓的影響力。

表9.1 培訓效果評價的四個層次

層　次	衡量內容	衡量方法
反應層	受訓者對培訓的印象和感覺	觀察、面談、問卷、討論
學習層	受訓者在培訓前後，在知識、技能及態度的掌握方面有多大程度的提高	書面測試、操作測試、等級情景模擬
行為層	受訓者的行為在培訓前後有無差別；他們在工作中是否運用了在培訓中學到的知識和技能	績效評價、觀察、問卷、面談、工作進度記錄、成果分析
結果層	組織是否因為培訓而經營得更好	利潤、成本、品質、生產率、流動率、士氣

目前常用的培訓效果考核方法有：用問卷的形式接受受訓人的反饋訊息；採訪受訓人，與受訓人面談；採訪受訓人的主管；觀察受訓人的表現。其中，從實際調查的結果來看，觀察法的應用程度不高。另外，反饋訊息主要來自受訓人、培訓人、受訓人主管，即透過客戶來評估培訓結果的方法還沒有被廣泛應用。但就會展公司而言，客戶作為培訓評價工作的訊息來源之一應該受到充分的重視，參展商的感受和評價在某種程度上最能反映培訓前後員工的變化。

第四節　會展公司員工績效的考核

一、會展人力資源考核概述

對於公司整體而言，工作績效就是任務和目標在數量、質量及效率等方面的完成情況；對於員工個人而言，工作績效則是上級和同事以及員工本人對自己工作狀況的評價。

（一）績效考核的意義

有效的績效考核可以提高員工工作績效，為制定僱員政策提供訊息，如加薪、升職、解僱、降職、調動、培訓和試用等，從而保證企業的僱員在一個公平進步和有朝氣的工作氛圍中工作，提高生產率，增強公司競爭優勢。具體來說，績效考核有以下意義：

第一，控制意義。透過績效考核，為各項人事管理提供一個客觀公正的標準，並依據考核結果決定晉升、獎懲、調配等。這樣會使企業形成一種按標準辦事的風氣，使各項管理工作能夠按計劃進行。而且可以使員工牢記工作職責，養成按照規章制度工作的自覺性。

第二，激勵意義。績效考核能產生一種心理效應，即對員工有激勵、監督和導向的作用。工作績效突出者，透過績效考核得到肯定和鼓舞，會繼續朝著好的方向努力。落後者，會在比較中更強烈地認識到自己的不足而在以後的工作中加以改進。

第三，溝通意義。績效考核是一種雙向行為，一方面管理層對員工進行考核，另一方面管理層還要聽取員工對考核結果的申訴和想法，這就提供了管理者和員工之間的溝通機會，有利於增強瞭解，更加有效地協力工作。

第四，開發意義。透過績效考核，可以幫助公司和員工更加清楚地認識員工的長處和不足，為公司培訓計劃的制定提供根據；另外，有利於公司根據員工的能力和長處安排工作，既可提高工作效率，又更好地實現了員工價值。

（二）影響績效考核的因素

（1）考核者的狀況。在考核過程中，考核者的主觀因素會對考核結果產生較大的影響，如個性、態度、價值觀及情緒等。另外，對被考核者的工作情況及職務的瞭解程度，對考核結果也有影響。

（2）與被考核者的關係。考核者和被考核者的關係的親疏，考核者對被考核者印象的好壞，對考核結果的影響往往較大。

（3）考核標準與方法。考核的標準是否恰當，是否相關和全面，是否具體明確，對考核結果都有影響。另外不同的考核方法有不同的優點和缺點，考核的具體內容也不同，所以考核方法的選擇和綜合運用情況也將在很大程度上影響考核的結果。

（4）考核的週期。考核的週期太長，對員工的績效反饋太遲，會使考核的功能不能充分發揮，甚至流於形式；反之，週期過密不但浪費時間，還會給員工造成過多的不必要的干擾和心理負擔。考核一般以半年一次為宜，可把兩個半年考核得分的平均值作為全年的總分。

二、會展員工績效考核的一般程序

（一）制定考核標準

對員工進行績效考核，最重要的前提是制定有效的考核標準，一般來說，考核標準包括兩個方面：①員工應該做什麼，其任務、職責、工作要點是什麼；②員工應該做到什麼樣的程度，達到何種標準。

一般來說，績效考核標準的建立，要求做到以下幾點：

（1）事前性。考核標準的制定是績效考核工作的第一步，應在考核之前的觀察階段制定和公布。

（2）參與性。績效考核是雙向行為，被考核者不是單純的被動者，他們有權參與對自己考核標準的制定。只有這樣，被考核者才能更好地明白企業希望他們做什麼，才能更好地支持和理解考核工作。

（3）科學性。包括準確性、可靠性和靈敏性。準確性表現在標準傳達的訊息明確，能準確與考核目標掛起鉤來；可靠性表現在各考核指標之間相互銜接、彼此一致，不會出現相互矛盾、不相關的情況；靈敏性表現在考核能很好地區分出員工績效之間的差異，對公司所關注的差異能作出靈敏的反應。

（4）應用性。包括經濟合理性、普遍接受性和操作可行性。經濟合理性指對指標完成情況訊息收集與分析的成本是可接受的；普遍接受性表現在標準的制定得到全體或大多數員工的廣泛認同和支持；操作可行性表現在標準的制定使績效考核在操作上簡便易行。

（5）細微性。即考核標準必須要細化，只有這樣才能具有更好的可操作性，考核的結果才能更加可靠，更有說服力。

（二）考核訊息來源的選擇

考核訊息的來源管道對於考核結果的有效性有很大的影響，每一種訊息管道都有優點和缺點，任何一種管道都是代表某一方的意見，所以被考核者以及與被考核者有關的人員都應該成為考核訊息的來源管道。

1.管理者

管理者對於公司的目標以及下屬的工作要求具有全面的瞭解，並且他們有機會對員工進行觀察，因此對員工的工作情況較為瞭解。另外，下屬的績效優劣與管理者的利益有很大的關係，因此管理者有很大的動力去對下屬的工作作出精確的評價。但是，在某些工作中，管理者沒有足夠的機會來監督下屬員工的工作，在這種情況下，員工就會努力把他最好的行為表現給上級，而造成一種假象。另外，管理者的主觀因素在績效考核中起相當大的作用，例如管理者對於某一特定員工的偏見會直接影響考核的客觀性。

2.同事

被考核者的同事與被考核者處於相同的工作環境中，對工作要求比較瞭解，而且與被考核者交往最為緊密，能夠作出較為準確全面的評價。但是同事之間關係的親疏好壞會直接影響評價的客觀性。如果兩人之間存有成見，那麼一人對另一人的評價就會偏低。

3.下屬

下屬常常是最有權利來評價他們的上級管理者是如何對待他們的，而一些管理者也非常看重下屬對他們的評價，因為這直接關係到工作是否能夠順利開展。但是這種方法賦予了下屬以超過上級管理者的權力，這會導致管理者更為重視員工的滿意度而不是工作的生產率。另外，有些員工為了討好管理者或擔心管理者的報復，會有意對管理者作出虛假評價，所以為了取得更有效的訊息，下屬評價應該採用匿名的方式，並且每次至少要有三名員工對同一管理者作出評價。

4.被考核者本人

讓被考核者對自己的行為進行評價，可以調動其積極性和參與性，而且可以使員工更加容易地認可和接受考核結果。但是自我評價過程中，個人往往會誇大自己的行為和績效，尤其是評價的結果被用於管理決策（如加薪）時，這種情況會更加明顯。自我評價最好用在績效反饋階段的前期，以幫助員工思考一下他們的績效，從而將績效面談集中在上級和下級之間存在分歧的地方。

5.顧客

顧客是會展服務產品的消費者，是企業管理和服務的歸宿，因此對企業提供的服務及其相關工作人員最具有發言權。在實際工作中，企業往往透過調查和訪談的辦法來獲取顧客評價資料。這種方法如果使用得當，特別是調查總量達到一定的數量，評價會具有很強的客觀性和導向性。

（三）考核方法的選擇

考核方法很多，根據其性質可以分為主觀評價法和客觀評價法；根據考核的內容不同可以分為品質評價法、行為評價法和工作成果評價法。應該根據公司性質、具體情況、人員構成、發展目標以及考核標準選擇合適的考核方法。會展公司員工績效考核常用的方法有：

1.等級評估法

等級評估法是績效考評中常用的一種方法。根據工作分析，將被考評職位的工作內容劃分為相互獨立的幾個模塊，在每個模塊中用明確的語言描述完成該模塊工作需要達到的工作標準。同時，將標準分為幾個等級選項，如「優、良、合格、不合格」等，考評人根據被考評人的實際工作表現，對每個模塊的完成情況進行評估。總成績便為該員工的考評成績。

2.目標考評法

目標考評法是根據被考評人完成工作目標的情況來進行考核的一種績效考評方式。主要包括兩方面的內容：第一，必須與每一位員工共同制定一套便於衡量的工作目標；第二，定期與員工討論其目標完成情況。目標考評法能夠發現具體問題和差距，便於制定下一步的工作計劃，因此，非常適合於用來向員工提供反饋意見和指導。另外，其評價標準直接反映員工的工作內容，結果也易於觀測，因此很少出現評價失誤。但是這種方法需要花費較多的時間和資金，成本很高，而且要注意員工目標與組織目標的統一。

3.小組評價法

小組評價法是指由兩名以上熟悉被評價員工工作的經理，組成評價小組進行績效考評的方法。小組評價法的優點是操作簡單，省時省力，缺點是容易使評價標準模糊，主觀性強。為了提高小組評價的可靠性，在進行小組評價之前，應該向員工公布考評的內容、依據和標準。在評價結束後，要向員工講明評價的結果。在使用小組評價法時，最好和員工個人評價結合起來。當小組評價和個人評價結果差距較大時，為了防止考評偏差，評價小組成員應該首先瞭解員工的具體工作表現和工作業績，然後再作出評價決定。

4.關鍵事件法

關鍵事件法，是指負責考核的主管人員把員工在完成工作任務時所表現出來的特別有效行為和特別無效行為記錄下來形成一份書面報告，每隔一段時間（通常為6個月），主管人員和其下屬人員面談一次，根據記錄的特殊事件來討論員工的工作績效。所記載的事件必須較突出、與工作績效直接相關，而且應該是具體的事件與行為，而不是對某種品質的評判。關鍵事件法有助於確認員工的何種績效較為「正確」，何種績效較為「錯誤」，但是該方法難以對員工之間的相對績效進行評價或排列，所以該考評方法一般不單獨使用。

5.強制比例法

強制比例法是按事物「兩頭小、中間大」的正態分布規律，先確定好各等級在總數中的比例。這種方法可以有效避免由於考評人的個人因素而產生的過分偏寬、偏嚴或高度趨中等偏差。但是此種方法缺少具體分析，在總體偏優或偏劣的情況下難以作出實事求是的評價。強制比例法適合相同職務員工較多的情況。

（四）實施考核

即對員工的工作績效進行考核、測定和記錄。根據目的，考核可以分為全面考核和局部考核兩種。

（五）考核結果的分析與評定

即把考核記錄與既定標準進行對照來作分析與評判，從而獲得考核結論。

（六）考核結果的反饋

必須將考核結果及時反饋給員工，使其瞭解組織對自己工作的看法和評價，從而發揚優點，克服缺點。

在考核結果反饋的過程中一定要注意工作方法。對於績效考核結果差的員工要給予適當的批評，批評時一定要維護員工的面子和價值感。批評只侷限在員工和上級兩個人在場時，而且要以建設性的態度來進行。要提供員工具體的行為表現，並提供具體的改進建議。另外，當員工被指責為工作表現差的時候，員工的第一反應往往是防禦性的。員工通常會為自己找各種各樣的客觀原因，甚至會變得非常憤怒和帶有攻擊性。這時管理人員要明白防禦性的行為是非常自然的。絕對不要批駁員工的防禦反應，而要列舉工作表現，並以開放性的態度傾聽員工的解釋，或者是延遲處理，因為稍後員工自然會作出更為理性的反應。

（七）考核結果的應用

根據考核結果，管理部門將對被評估人員採取有關措施，如進行培訓，調整工資、獎金待遇，調整級別或職位等。同時主管與員工共同針對考核中未達績效的部分分析原因，制定相應的改進措施和計劃。主管有責任為員工實施績效改進計劃提供幫助，並跟蹤改進效果。

第五節　會展公司人力資源的激勵

一、會展公司員工激勵的原則

（一）激勵要因人而異

由於每個員工的需求不同，所以，同一激勵政策對不同的員工造成的激勵效果也會不盡相同。即便是同一位員工，在不同的時間或環境下，也會有不同的需求。由於激勵效果取決於員工的主觀感受，所以，激勵要因人而異。

在制定和實施激勵政策時，首先要調查清楚每個員工真正需要的是什麼。將這些需要整理、歸類，然後來制定相應的激勵政策幫助員工滿足這些需求。

（二）獎懲適度

獎勵或懲罰不適度都會影響激勵效果，還會增加激勵成本。獎勵過重會使員工產生驕傲和滿足的情緒，失去進一步提高自己的慾望；獎勵過輕會起不到激勵效果，或者讓員工產生不被重視的感覺。懲罰過重會讓員工感到不公，或者失去對公司的認同，甚至產生怠工或牴觸的情緒；懲罰過輕會讓員工輕視錯誤的嚴重性，從而可能還會犯同樣的錯誤。

（三）公平性

公平性是員工管理中一個很重要的原則，員工感到的任何不公的待遇都會影響其工作效率和工作情緒。取得同等成績的員工，一定要獲得同等層次的獎勵；同理，犯同等錯誤的員工，也應受到同等層次的處罰。如果做不到這一點，管理者寧可不獎勵或者不處罰。

管理者在處理員工問題時，一定要有一種公平的心態，不應帶任何的偏見和情緒，要一視同仁，不能有任何不公的言語和行為。

二、會展公司員工激勵的方法

（一）物質激勵

經濟人假設認為，人們基本上是受經濟性刺激物激勵的，金錢及個人獎酬是使人們努力工作最重要的激勵，企業要想提高職工的工作積極性，唯一的方法是用經濟性酬勞。雖然隨著人們生活水平的顯著提高，金錢與激勵之間的關係漸呈弱化趨勢，然而，物質需要始終是人類的第一需要，是人們從事一切社會活動的基本動因。所以，物質激勵仍是激勵的主要形式。包括採取工資的形式或任何其他鼓勵性酬勞，如獎金、優先認股權、公司支付的保險金，或在做出成績時給予獎勵。

（二）目標激勵

目標激勵，就是確定適當的目標，誘發人的動機和行為，達到調動人的積極性的目的。目標作為一種誘因，具有引發、導向和激勵的作用。不斷對高目標的追求，是人們奮發向上的內在動力。每個人實際上除了金錢目標外，還有如權力目標或成就目標等。管理者要將每個人內心深處的這種或隱或現的目標挖掘出來，並協助他們制定詳細的實施步驟，在隨後的工作中引導和幫助他們努力實現目標。當每個人的目標都強烈和迫切地需要實現時，他們就會對企業的發展產生熱切的關注，對工作產生強大的責任感，平時不用別人監督就能自覺地把工作搞好。這種目標激勵就會產生強大的效果。

（三）員工參與

現代人力資源管理的實踐經驗和研究表明，現代的員工都有參與管理的要求和願望，創造和提供一切機會讓員工參與管理是調動他們積極性的有效方法。適合於會展公司員工參與的方式主要有以下幾種：

1.直接參與式

直接參與式管理，是指在組織決策中員工分享其直接監督者的決策權，它最明顯的特徵是對共同決策的使用。當組織中的工作變得非常複雜，管理者不能瞭解員工所做的一切，且單靠個人系統很難解決問題時，允許最瞭解工作的員工直接參與管理決策，這不僅可以更有效地解決問題，而且可以提高員工工作積極性、自主性和滿足感，造成激勵作用。

但這種方式並不適合於任何公司或部門，員工參與管理的能力、參與的時間、參與的問題與員工利益的相關性、組織的文化等都會影響員工直接參與管理的成效。

2.質量控制環

質量控制環是由3～15個在同一領域進行工作的人所組成的一個小型團體，他們定期舉行會議，討論分析並解決影響其工作領域的問題。

在質量控制環領導的帶領下，其成員聚集在一起，運用腦力激盪法提出問題以及提出提高績效的建議，經過討論後，選擇一個觀點或問題進行工作，與解決問題有關的各種職責被分配給組中成員，在得出解決辦法之前他們要碰幾次面。他們透過管理代表向管理層提出建議，管理層一般保留建議方案實施與否的最終決定權。在許多情況下，管理部門唯一要做的就是提供資金。

（四）培訓和發展機會激勵

隨著知識經濟的撲面而來，當今世界日趨資訊化、數位化、網路化。知識更新速度的不斷加快，使員工知識結構不合理和知識老化現象日益突出。他們雖然在實踐中不斷豐富和積累知識，但仍需要為他們提供學習途徑以獲取等級證書，其中包括採取送他們進高校深造、出國培訓等激勵措施。透過這種培訓充實他們的知識，培養他們的能力，給他們提供進一步發展的機會，滿足他們自我實現的需要。

（五）榮譽和提升激勵

榮譽是眾人或組織對個體或群體的崇高評價，是滿足人們自尊需要，激發人們奮力進取的重要手段。從人的動機看，人人都具有自我肯定、自我實現、爭取榮譽的需要。對於一些工作表現比較突出、具有代表性的先進員工，給予必要的榮譽獎勵，是很好的精神激勵方法。榮譽激勵成本低廉，但效果很好。

（六）負激勵

按照激勵中的強化理論，激勵並不全是鼓勵，激勵還可採用處罰方式，即負激勵，如利用帶有強制性、威脅性的控制技術，如批評、降級、罰款、降薪、淘汰等來創造一種令人不快或帶有壓力的條件，以否定某些不符合要求的行為。

複習思考題

一、填空題

1.會展企業人力資源計劃的內部影響因素有企業的一般特徵、______、企業文化。

2.會展企業的人力資源計劃編制要經過以下幾個階段：前期準備；______；預測企業未來對人力資源的需求，制定人力資源需求計劃；______；制定人力資源總體計劃和規劃的實施、評價與反饋。

3.員工招聘的基本程序包括：制定招聘計劃、______、甄選、______、招聘評估五個步驟。

4.招聘管道有______和______兩種。使用哪種招聘管道取決於會展公司所處地方的勞動力市場，招聘職位的性質、層次和類型，以及公司的規模等一系列因素。

5.訪談法主要有三種形式，分別為電話溝通、______和拜訪有關人士。

二、選擇題

1.下列不屬於會展企業外部的影響因素有______。

A.總體經濟形勢　　B.政府法規

C.企業文化　　D.人才市場的供求關係

2.下列不屬於外部招聘的管道的是______。

A.學校招聘　　B.員工推薦　　C.顧客推薦　　D.工作調換

3.對於初選的應聘人員，公司要直接瞭解其具體情況並對眾多的應聘者加以對比，最直接的方法就是______。

A.面試　　B.員工推薦　　C.測試　　D.資格審查

4.______測試是根據受試者可能擔任的職務的特點，設計一種與實際工作近似的情景，讓受試者置身其中處理有關事務，以此來測試其素質和能力。

A.智力　　B.個性　　C.情景模擬　　D.情感

5.在目前會展人力資源培訓的主要方式中對新員工的最常見的培訓方式是______。

A.培訓班

B.研討會

C.「師傅帶徒弟」

D.到國外知名的會展公司進行短期工作

三、問答題

1.簡述會展人力資源計劃的主要內容。

2.如何進行會展人力資源的招聘？

3.會展人力資源的培訓內容有哪些？

4.如何進行會展人力資源的考核？

5.簡述績效考核的意義。

6.簡述會展公司人力資源激勵的主要方法。

第十章　會展資訊管理

◆本章重點◆

透過學習這一章的內容，對會展業背後的技術支援系統有一個比較全面的瞭解。知道顧客關係管理在會展中的重要性，以及網上會展的優缺點。

◆主要內容◆

●資訊技術對會展業的影響與對策

資訊化對會展業的影響；會展業資訊化對策

●客戶關係管理

客戶檔案管理；顧客關係管理

●網上會展的優點與不足

網上會展的優點；網上會展的缺點

本章首先從資訊技術對會展業影響這一宏觀層面進行分析，然後具體從兩個方面介紹資訊技術在會展業中的應用，一是資訊技術在客戶管理中的應用，即顧客關係管理；一是資訊技術給會展形式上帶來的變化，即網路會展。

第一節　資訊技術與會展業

隨著現代資訊技術及其他相關技術的迅速發展，一個越來越龐大的互聯網應用群體正快速形成，電子商務已成為必然潮流。資訊技術的發展對傳統的會展業的影響及傳統會展業將如何應對，是本節主要介紹的內容。

一、資訊化對會展業的影響

新世紀的經濟是一種以高科技產業為支撐，以知識經濟、資訊網路經濟為主要內容的經濟形式，其核心內容是網路經濟。網路技術的發展使企業進行市場營銷和對外交流、聯繫的方式、途徑均發生了巨大變化，給世界會展業帶來了新的機遇和挑戰。資訊化對會展業的影響如何，是我們研究會展業不容迴避的問題。具體來講，資訊化對會展業的影響表現在以下幾個方面：

（一）提高會展活動的工作效率

資訊技術具有方便、高效的特性，在組織、參加會展的各個環節上，如資訊收集、傳遞、處理的電子化和自動化都使會展業務處理效率空前提高。一些展出項目的上網發布，使得組展者與參展商的聯繫更為直接，從而避免了一些中間環節及由這些環節產生的錯誤和時間耗費。

（二）降低會展活動的業務費用

一方面，組展者（或組會者）、參展商（或與會人員）、觀眾三者之間的聯絡手段從傳統的高收費的電話、傳真、信件中解放出來，使得業務費用降低；另一方面，電子商務使得展覽項目宣傳更為廣泛，組展者、參展商和觀眾可獲得比以往更為豐富、深入的資訊資料，從而避免了選擇項目時的盲目性及由此帶來的經濟損失。

（三）有利於會展管理水平的提高

電子商務、網路中資訊資源的可存儲、可再用特性是使會展事務處理程式化和業務流程標準化的技術基礎。電子商務、網路等資訊技術使資訊反饋、收集、處理、統計等自動化程度提高，促使會展事務處理走向程式化，展會的組織、參加過程逐漸標準化。每個組展（組會）、參展（參會）主體都在借助電子商務、網路的手段積累資訊，總結形成一些程式化的業務處理流程，對流程中的各個環節提出一些服務標準，並在業務實踐中不斷增補流程環節、修訂業務內容的標準，從而促使會展的組織管理走向最優化。

（四）便於會展服務規範化、科學化發展

資訊資料的有效積累及電子技術本身的標準化最終將促成運作流程的標準化，因而資訊技術將促使展覽活動操作走向規範化，這是資訊技術發展的客觀要求。運用現代資訊技術，會展業的協調管理機構可掌握大量資訊和數據，在多個組展（組會）單位及其項目中甄別優劣的基礎上開展工作，這對於促進會展業服務的規範化、科學化發展極為有利。

（五）促進會展業的國際化、全球化發展

以互聯網路為代表的電子商務資訊技術使得展會資訊從定向發布走向非定向發布，展會項目、組織機構的對外宣傳面向全世界，在世界各地的各個角落，只要你具備上網條件，就可以很方便地獲得較為充分的展會資訊，使展會的宣傳擺脫了空間上的束縛。而且，網路虛擬展會實實在在地擴大了參展商和觀眾的範圍。有了網路，國際範圍內的會展業競爭將成為活生生的現實。

（六）有利於傳統會展業的完善和發展

資訊技術為傳統會展業的完善和發展提供了技術上的保障，起了極大的促進作用。電子郵件、企業網頁、電子支付手段和服務、網路身分的安全認證技術、資訊和數據的網上傳播和自動化處理、網上商品交易系統、電子佈展技術等都已隨著電子商務設備特別是網路的擴展、延伸而參與到會展業中，電子商務在展會活動的各個環節中得以實現。在展會項目宣傳，展出項目的選擇及參展商、與會人員與組展者之間的多種契約和業務往來，發運人與承運人之間的聯繫和約定，參展商與海關之間的聯絡中，互聯網路承擔了大量數據和資訊的傳播功能。

但是，網上展會具有一些與生俱來的缺陷，比如展出範圍受到限制，展出資訊的不完整性，觀眾的不確定性，資訊統計上的偏差，沒有豐富的展會參觀經歷。而且還沒有面對面的情感交流。人們參加和參觀網上展覽會時，面對的總是冷冰冰的電腦螢幕，與觀眾或參展商交流時要獲得反應需要等待一段時間，感覺上總是不如面對面感受對方來得直接。

因此，上述缺陷很難用技術手段加以彌補，這注定了它不可能替代傳統展覽會在展覽業中唱主角。正如同網上銷售興起之後，傳統以商場、批發市場為媒介的實物銷售仍然存在一樣，網上虛擬展覽會也不能代替現實實物展覽會。展覽業高度發達的德國和網路技術高度發達的美國目前的發展情況都充分說明了這一點。

二、會展業資訊化的對策

1990年代以來，以資訊技術為核心的新一輪科學技術革命使世界市場的時空距離大大縮短，為全球貿易的開展提供了最為便捷的手段。網路技術不斷完善，網上推銷日漸擴大，電子商務日益普及，相比之下，展會顯得方式落後，作用弱化，成本高昂。因此，傳統會展企業能否應對資訊化帶來的挑戰和把握其中的機遇，能否有效地把網路技術與傳統會展結合起來，是傳統會展業繁榮發展的關鍵。

（一）正確認識資訊化與會展業的關係

展會實際上就是一個平台，一個滿足需求方和供給方各自目的的場所。展會組織者是買方和賣方的中間人，透過為他們提供交流場所的方式把他們組織到一起，發揮中介組織的作用。資訊化一方面完善了中介組織的服務手段，另一方面也是中介組織的電子化。展會組織者透過運用資訊技術對資訊和數據的傳遞、交換和處理等，使整個運作、管理過程變得高效、快捷、方便，從而實現利潤最大化。網上展會則是對傳統展會的虛擬，發展迅速，雖然出現時間不長，但整個運作表現出諸多優勢，如低成本、高效率、展出時間長、展出空間無限廣闊、經營規模不受場地限制、觀眾廣泛、反饋及時、自動統計和評估等。

然而，如前所述，它不是傳統展會的替代者，而是一個有利的補充。就像滑鼠是網上展覽世界的最佳指南，但它終究不能代替火車飛機一樣，展覽會上網最終也無法取代在世界各地進行的展覽會。因為人與人之間面對面的交流是不可缺少的。

另外，展覽會上網明顯地提高了該行業的透明度，對展覽公司來說，這的確是一場新的挑戰，它將有力地促進競爭，推動展覽事業的發展。正確認識資訊化與會展業的關係，在於不要把兩者對立起來，在看到資訊化的發展對會展業有挑戰的同時，更要看到給傳統會展業帶來的機遇，看到兩者完美結合的強大生命力。

（二）建立會展企業入口網站

展覽會的「實物性」和「直接性」是網路技術所不能替代的，但電子郵件、企業網頁、網上申請等電子商務手段已經在展會組織中廣泛應用，提高了工作效率，降低了成本。這些應用包括：在互聯網企業搭建的資訊或交易平台上發布企業的基本資訊，有技術條件的展覽企業開始建立自己的網站，提供一些靜態資訊，宣傳企業形象、展會題目、內容、服務功能等等，並積極地將自己的網站連接到其他入口站點，以提高訪問量。

（三）利用網路軟體舉辦網上展會

展會組織者無須建立自己的網站，運用網路軟體就可以完成展會的一系列程序，如報名、住宿安排、旅遊、選址、預算成本、確定發言人、展會營銷等。這樣可以做到省時、省力、省錢。

網上報名可以讓出席者直接在網上填寫申請表，在網上瀏覽展會詳情，自動統計出席者人數，自動監控財務交易。運用網上報名資料庫的一個最大的優點是能將所有報名資料彙總在一起，擁有一個不斷更新而準確的報告。利用網上住宿安排軟體的好處在於可以把所有住宿安排資訊都儲存在一個在線資料庫中，及時監控住宿安排情況，並可以提前幾個月或幾個星期根據訂房情況的變化及時調整住房安排結構。將網路旅行預訂功能結合到展會報名服務中，形成全方位服務，滿足參展（與會）人員所屬公司方面的利益和相關政策要求，便於提高參展（與會）率。一系列的網上預算工具可以幫助參展（與會）人員和組展者計算展會支出，一些簡單的預算工具可以計算出席者住宿和旅費在內的基本支出，有些預算工具則能讓出席者瞭解所有支出，最複雜的預算工具可以幫助組展者管理和監督整個展會的舉辦進程。還有交易會推廣軟體、發言人選定軟體等多種工具，為會展企業利用資訊技術提供了方便。

（四）網上展會與現實展會相結合

現實展會的吸引力表現在三個方面：一是提供學習、交流的機會，參展（與會）人員能建立一個專業網路。如新加坡食品和酒店展覽每年都能吸引25000名觀眾，其中40%來自海外，而這些觀眾就是來會見其他人的。也就是說他們是為了交流溝通而來。二是使參展（與會者）人員感受到「經歷」的激勵。豐富而非凡的經歷是一個展會成功的重要標誌，一個難忘的展會往往來自參與者的意外的感受中。三是目的地城市的吸引力。很多人到新加坡參加會展，是因為他們認為新加坡是值得一去的地方。

網上虛擬展會是附屬於現實展會的，是現實展會的另外一種表現形式。在現實展會開幕的同時，進行網上及時傳輸，根據需要設定保留期，這樣不僅滿足了不能或不願親臨現場者的需要，也增加了大量的潛在交易機會。

隨著資訊技術的發展，會有越來越多的電子服務手段進入到會展業中，這些手段將成為會展業走向完善和人性化發展的基本技術支援系統。

資訊化既是中國會展業與國際接軌的一個重要衡量標準，也是會展業發展的必然趨勢。要實現資訊化發展，中國會展業要加強與國際會展組織或世界知名會展公司之間的交流合作，以及時掌握全球會展業的最新動態；在會展業中積極推廣現代科技成果，逐步實現行業管理的現代化、會展設備的智慧化和活動組織的網路化；充分利用互聯網，推動國內會展業的資訊革命，如開展網路營銷、舉辦網上展覽會等。

第二節 客戶關係管理

會展業發展到今天，市場競爭已經非常激烈了，但歸納起來，也不外乎會展專業人才的競爭和爭奪目標市場的競爭。一方面，企業開始實現從「產品為中心」的營銷管理模式向「以顧客為中心」的營銷管理模式的轉變；另一方面，企業的視角開始從過於關注內部資源向透過整合外部資源以提高企業核心競爭力轉變，這兩個轉變不僅僅是觀念的轉變，更是企業管理模式的提升，大大擴展了企業的發展空間，為企業發展注入源源不斷的動力。所以，有自己的一整套客戶資訊資料對一個企業來說是極重要的。

每一個行業都有自己獨特的目標顧客，相對於會展來說就是一個一個的參展商。採用一個比較形象點的比喻可以說，會展公司是幕後策劃，管理整個會場的搭建、布置、服務和處理各種各樣的突發情況；參展商則是一個一個的演員，而要演好這場戲導演必須瞭解每一個演員的特長、喜好。這就迫使會展公司建立一套自己的客戶資料資訊。客戶資料的管理又可以分為傳統的客戶資料管理（即客戶檔案管理）和現代化的客戶資料管理（即顧客關係管理CRM）。

一、客戶檔案管理

客戶檔案管理是一種傳統的客戶資料管理方法，是透過建立檔案進行管理的方法。一般，會展企業擁有自己的檔案室，在這裡分門別類地存放著所有客戶的檔案。由於中國會展業起步較晚，現代化手段應用程度很低，因此中國許多會展公司管理客戶資料都使用這一手段，總的來說客戶檔案的建立要經過以下幾個階段。

（一）收集客戶資料的內容

該項工作主要分析參展商的基本類型，即他們的不同需求特徵和對會展設施要求，並在此基礎上分析參展商差異對公司利潤的影響等。客戶資料一般應包括以下三方面的內容：

1.客戶原始記錄

客戶原始記錄即有關參展商的基礎性資料，它往往也是公司獲得的第一手資料，具體包括以下內容：客戶代碼、名稱、地址、郵政編碼、聯繫人、電話號碼、公司網址及郵箱、銀行帳號、使用貨幣、付款條款、發票寄往地、付款信用記錄、佣金碼、客戶類型等。

根據不同的標準，客戶可以分為不同的類型，根據所有制性質，可以分為國有企業、民營企業，以及外資企業；按照所處的行業，可以分為藝術行業、工業產品、農業產品等。每一個行業又可以分為不同的小行業，如藝術品可以分為園藝、陶瓷、名畫、國寶等；工業產品可以分為各類日常消費品、電子資訊、工業裝備、醫療設備與醫藥、交通裝備與設施、科技創新等；農業產品又可以分為初級農產品和加工農產品等。按照地區，可以分為西部參展商、東北參展商、東南沿海參展商等。

舉個例子，假如按照行業標準劃分，參展商可以分為工業類、農業類、藝術類三大類，即，A（工業），B（農業），C（藝術）。然後往下繼續分，以工業為例可以分為A1（日常消費品類），A2（電子資訊），A3（工業裝備），A4（醫療設備與醫藥），A5（交通裝備與設施），A6（科技創新）。到第三級的時候再往下如電子資訊類又可以分為A2.1（電視機行業），A2.2（冰箱行業），A2.3（空調行業），A2.4（電腦行業）等。

2.客戶外在形象資料收集

主要指透過顧客調查分析或向資訊諮詢業購買獲得的第二手資料。包括參展商對會展公司的態度和評價、履行合約情況與存在問題、信用情況、需求特徵和潛力等。在這些內容中，參展商的信用是公司第一位應該考慮的問題，應該全面地考察參展商的信譽問題，然後再考慮與之合作的問題。

3.以往記錄

公司與參展商進行聯繫的時間、地點、方式（如訪問、打電話、E-mail、FAX）和費用開支、給予了哪些優惠（價格、購物券等）、參展記錄，以及展後公司對他們的回訪等，均應在備忘錄裡記錄在案，這些資訊對於會展公司確定參展商的忠實度，以及決定是否該給予一定的優惠條件，是否該將其列為老客戶非常重要。客戶檔案樣式有多種式樣，表10.1是一個會展公司關於一個電冰箱企業的客戶檔案。

表10.1 客戶檔案登記表

客戶編號：甲 A2.2

客戶名稱：X X 電冰箱

序號	名 稱	內 容
1	聯繫人	
2	電 話	
3	郵 箱	
4	銀行帳號	
5	使用貨幣	
6	公司地址	
7	郵遞區號	
8	發票寄往地	
備忘錄：		

（二）收集客戶資訊的方法

（1）加入社會團體。直接成為特定社團的成員，例如會展協會等，取得社團的名單資料，再名正言順地讓社團成員瞭解你的展會，宣傳自己的主要展會，但應該注意尺度的掌握，以免導致相反的效果。

（2）成為俱樂部會員。付費成為一些俱樂部的會員，不論是何種俱樂部，都有聯誼性質，那可是業務人員大顯身手的良機。

（3）以贈品換資料。用贈品來換取準客戶資料是由來已久的方法，而它有效的程度常令人吃驚。但注意提供的贈品要與銷售的產品有高度關聯性。準客戶的資料可能會對日後的銷售有幫助，例如對於會展營銷來說，可以瞭解客戶是否對行業的展會感興趣、是否有意願參加，參加的話填寫資料，可以獲得入場券的現金抵用券。

（4）上網查找。網上有很多龐大的資料庫，免費或小額付費即可進去瀏覽，其資訊一般均有相當高的準確性。再者，其資料皆已經過一定的分類，篩選後即可得到有效的資料。

（5）從分類廣告中查找。如果公司的客戶對象會在分類廣告上刊登招聘啟事或發布資訊，去查一查最近數個月的報紙分類廣告，會得到一些對象客戶的明確的名稱、地址、聯絡電話，幸運的話，還可找到聯絡人，有效、快速又便宜。

（6）參加展覽。客戶大多會透過參觀展覽尋找適當的合作廠商，會展企業也可以這樣做。

應該說，客戶檔案管理是一種基礎性的資訊管理工作，對會展企業的發展作用是巨大的，但是我們也要看到，建立客戶檔案是企業單方面的行為，缺乏與客戶的互動性，顯然已經適應不了時代的要求，近年來一種全新模式在悄然興起，這就是顧客關係管理。

二、客戶關係管理

（一）客戶關係管理的內涵

客戶關係管理（customer relationships management，CRM），其定義是企業與客戶之間建立的管理雙方接觸活動的資訊系統，在網路時代客戶關係管理是利用技術手段在企業與客戶之間建立一種數位的、即時的、互動的交流管理系統。

客戶關係管理從一開始就是現代資訊技術環境的產物，隨著網路資訊技術的應用與發展，其內涵也不斷豐富。傳統的客戶關係管理一般源於客戶關係的分散性，企業中沒有一個部門可以看到客戶資訊的全貌。而基於網路技術和資訊技術的客戶關係管理，則克服了傳統管理的弊端，借助於互聯網，企業可以隨時隨地和客戶取得聯繫，可以一對一地關注客戶的需求。同時客戶可以在網上發表自己的見解，與企業進行雙向交流，企業隨時隨地瞭解客戶的需求，滿足客戶需求。

（二）客戶關係管理的優勢

（1）任何與客戶打交道的員工都能全面瞭解客戶關係，根據客戶需求進行交易，瞭解如何對客戶進行縱向和橫向銷售，記錄自己獲得的客戶資訊。

（2）能夠對市場活動進行規劃、評估，對整個活動進行360度的透視。

（3）能夠對各種銷售活動進行追蹤。

（4）系統用戶可不受地域限制，隨時訪問企業的業務處理系統，獲得客戶資訊。

（5）擁有對市場活動、銷售活動的分析能力。

（6）能夠從不同角度提供成本、利潤、生產率、風險率等資訊，並對客戶、產品、職能部門、地理區域等進行多維分析。

（三）客戶關係管理在會展業中的應用

會展企業作為獨立的經濟實體，在競爭日趨激烈的市場環境中，企業與市場的關係，最重要、最根本地表現在企業與客戶的關係相處得如何上。近幾年，中國會展市場呈高速成長態勢，但會展業的組織管理水準卻不盡如人意。很多辦展企業和組織者由於缺乏對客戶關係管理（CRM）的認知，無法改善與客戶的溝通技巧，忽視數位時代客戶對互動性與個性化的需求，導致會展客戶資源的逐步流失。

會展公司身處這樣的大環境，當然應作出應有的反應，要建立一套適合自己的客戶資訊系統。會展業與其他企業不同的是在會展期間會展公司還應邀請國內外相關行業的經銷商、代理商、用戶單位以及專業人士參加，以便能更好地提高參展商和專業客商的參展效果。所以會展公司除了對自己的直接客戶檔案進行管理以外，還應該對自己的間接客戶實施管理。將各個行業的專業人士及經銷商緊密聯結，找到參展商的同時將相關的專業人士鎖定。同樣，專業人士資訊也應包括姓名、性別、年齡、宅電、手機、E-mail、職業、家庭成員等。在會展前期提前將邀請函、明信片發給他們，以便他們在會前做好充分的準備，解答觀眾的各類疑難問題。而邀請經銷商絕不是沒有回報的事情，參展商參展的主要目的就是宣傳自己的產品，推銷自己的產品，而以往的許多的展會都是經銷商、中間商透過新聞、媒體得知展銷會，這樣對於參展商來說效果並不是太好，而達成意向的就更少。而透過這種方法可使參展商參展的效果大大地提高，從而大大提高他們的參展熱情。

隨著中國加入WTO，經濟全球化所帶來的挑戰使越來越多的會展企業開始重視客戶關係管理在業界的應用，因此CRM軟體產品在會展行業管理中廣泛推廣，會展企業CRM系列軟體成為越來越多的軟體開發商意欲開發的市場。客戶關係管理以客戶服務與管理流程設計為重點，結合展館現場動態管理特徵，全面整合展商、參展商數據採集與管理體制，現場動態環境測評，會展服務環節管理等多種技術需求與運用環境，研發系列的提高會展效率、會展質量和會展滿意度的會展商業一體化的整體解決方案。會展企業由於使用客戶關係管理帶來兩方面的好處：

（1）提高了公司的競爭力。由於採用了CRM系統，會展公司可以全面地降低成本。電腦終端管理代替了傳統的檔案室，不僅精簡了人員，而且還大大提高了查找的速度，提高了企業的效率。另外還可以透過對客戶的歷史記錄的分析，來更加準確地預測他們的需求，更好地實現公司和顧客之間的互動。

（2）加強了客戶對公司的忠誠度。客戶關係管理的核心就是

「一對一」的服務，企業透過CRM系統可以在與客戶的接觸中瞭解他們更多的資訊，在此基礎上進行一對一的個性化服務，為其量身定做產品和服務，滿足他們不同的需求。同樣，客戶可以選擇自己喜歡的方式，與公司進行交流，更方便地獲取資訊，得到更好的服務。讓客戶真正體驗到「上帝」的感覺，從而建立對企業的忠誠。

CRM系統是今後客戶管理發展的新方向，會展公司要盡快地實現從傳統的檔案管理到現代客戶關係管理系統的過渡，這樣才能更好地適應會展業的蓬勃發展。

（四）會展業客戶關係管理流程設計

CRM是一個透過積極使用和不斷地從資訊中學習，從而將客戶資訊轉化為客戶關係的循環過程。這一過程的實施從建立客戶識別開始，直到形成高影響的客戶互動。其間需要會展企業採用各種策略，建立並保持與客戶的關係，進而形成客戶忠誠。會展企業的CRM流程包括以下環節：收集客戶資訊，制定客戶方案，實現客戶互動和分析客戶反應，繼而進入新一輪循環。

1.收集客戶資訊，發現市場機遇

會展企業客戶關係管理流程的第一步就是分析會展市場客戶資訊以識別市場機遇和制定投資策略。它透過客戶識別、客戶細分和客戶預測來完成。

在會展客戶識別階段，會展企業所面對的客戶市場是一個廣泛複雜的群體，不同的客戶有著不同的參展需求。會展客戶識別即在廣泛的客戶群體中，透過各種客戶互動途徑，包括網際網路途徑、客戶跟蹤系統、呼叫中心檔案等收集詳盡的數據，並把它們轉化成為管理層和計劃人員可以使用的知識和資訊，從中識別出有參展需求的客戶。

會展客戶細分是指透過集中有參展需求的客戶資訊，對所有不同需求資訊之間的複雜關係進行分析，按照需求差異進行客戶市場的細分，根據展會的主題定位，從中選擇某一單一客戶需求群體進行專門的市場營銷舉措。

會展客戶預測是指透過分析目標客戶的歷史資訊和客戶特徵，預測客戶在本次會展活動中可能的服務期望和參展行為的細微變化，以此作為客戶管理決策的依據。

2.制定客戶方案，實施訂製服務

制定客戶方案，實施訂製服務這一流程是指在全面收集客戶資訊的基礎上，預先確定專門的會展活動，制定服務計劃。這就加強了會展企業營銷人員以及會展服務團隊在展前的有效準備和展中的針對性服務，提高了會展企業在客戶互動中的投資機會。在這一流程中會展企業通常要使用營銷宣傳策略，向目標客戶輸送展會各項服務資訊，以吸引客戶的注意力。

第三節　網上會展

近年來，德國上網的展覽公司大量增加，而且其網頁所提供的內容也越來越廣泛。它們這樣做的目的是向廠商盡可能多地提供有關資訊，便於廠商充分地做好參展準備；向讀者介紹不同廠商，便於他們根據需要檢索資訊；向所有可能的對象介紹自己的展覽公司和展覽會，樹立和加強企業形象，從而增加展覽會的吸引力。

中國的各種大型的會展，都已或多或少地利用了電腦和網路技術，如2003年的第五屆上海工業博覽會，開設了互聯網展示站點作為它的導航工具。人們可以借助互聯網展示產品、交流資訊、洽談貿易、開展電子商務。網上會展的出現對參展商和會展公司無論從操作上還是思維上都產生了質的飛躍，網上會展被認為是會展市場的新高點。但是，任何一個新事物都有它自己固有的優缺點，下面我們分析一下它的優缺點。

一、網上會展的優點

（一）樹立和加強企業的形象

隨著新經濟時代的到來，商品生產週期理論中產品開發和生產週期大大縮短，企業必須隨時隨地掌握市場的資訊，瞭解消費者的需求，在最短的時間內將自己的產品推銷出去，這樣才能在市場競爭中取勝。利用網上會展這種成本很低的營銷方式來推銷自己的產品，參展商可在網頁上刊登展品圖片或主題，並盡可能詳細地列出產品的種種優點和功能，從而造成樹立和加強企業形象的作用。

（二）增加會展的吸引力

網站是聯繫會展主辦者和廣大的參展者的橋樑和關鍵，會展公司要透過各種方式加強網站的宣傳，從而增加網站的吸引力。企業上傳的商品和圖片，可使客戶透過視覺和聽覺來瞭解商品的特點，產生購買慾望。另一方面，透過制定網上會展這種高效暢通的管道，可有效地推動國內外企業的商貿合作關係和大大地增加目標觀眾，從而極大地帶動參展商的參展慾望，增加會展的吸引力。

（三）加強顧客的忠誠度

網上會展的出現，在企業和市場之間架起一座最有效的電子資訊橋樑。透過顧客的點擊數和網上留言，企業可以為他們提供更適合、更滿意的商品，從而實現「一對一」的服務；提供超地域、全天候、開放互動的貿易環境，可以隨時隨地地為目標顧客提供服務。由此可促成參展商對會展公司的忠誠，以及普通顧客對參展企業的忠誠。透過網路可使會展公司、參展商、客戶有效地整合為一個整體，其中任何兩個企業的聯繫都可以產生不同的效果，使彼此更忠誠，從而更好地提高會展的質量。

（四）可以全面地降低成本

網上會展是利用快捷方便的網路優勢和顧客直接交流，不僅省時而且省錢。單單在宣傳會展一個方面，就可以省掉信封、紙張、郵資等數以萬計的金錢。而且郵寄在時間上也很浪費。但在網上只不過是敲敲鍵盤，發封E-mail的事情，其效率是前者無法相比的。有好多公司採用電話通知的方法，這雖然解決了時間的問題，但金錢的問題還是未得到解決。根據軟體技術支援專家的調查，展覽組織者給用戶打一個電話是53美元，而電子郵件回答同樣的問題僅需3美元。對於用戶常見的問題，完全有可能將它們列在網上，並且給出相應的解決方法，用戶可以根據自己的問題找到辦法，大大降低了電話呼叫的成本。

二、網上會展的缺點

（一）對商品的限制性

並不是所有的商品都可以採用網上展覽的方式，一般來說，能在網上展覽的商品是非常有限的。顧客可以透過視聽就可以明白的商品用途的產品很適合在網上展出，但科技含量高的商品，例如某一項科學研究成果或剛剛研製成功的一台機器，顧客只有透過現場專家的耐心講解和實際演示才能掌握它的用途和功能，故採取網上會展的商品是非常有限的。

（二）企業和顧客不能很好地交流

現代展覽更強調的是企業和顧客很好地交流，以便企業更好地滿足它的目標顧客。但是網上會展的出現將傳統的「面對面」的交流變成了一種透過網路進行的交流。當然，這種交流大大提高了速度，但是其效率就不敢保證了。有的東西只能透過面對面的交流才能取得良好的效果，這也是網上會展永遠代替不了現實會展的原因之一，從某種程度上說，它只是能更好地為會展業服務，造成錦上添花的作用。

三、網上會展必須遵循的原則

（一）人性化的設計

由於網上會展面對的是廣大的顧客，他們的電腦水平參差不齊，所以一個好的網站應該是非常的人性化的，即，第一，它應該有明確的導航標誌，對於電腦水平不是太高的人也可以輕易操作；第二，它可以根據顧客的專業喜好自由組合智慧展館，這樣可以節約時間。

（二）大容量的資訊

一個比較健全的網站是不會讓顧客失望的，當顧客點擊任一個產品，提供給他的資訊應包括產品型號、產品功能、使用說明、保修期限等內容。透過產品應可以連接到它相應的公司，從而可以獲得公司相關產品的資訊，以及公司電話、郵箱、地址、聯繫人等資料，這樣可大大方便顧客的查找，同時讓顧客更加瞭解這個企業。

（三）更方便和快捷

在任何一個搜索引擎上鍵入該網站，都可以使顧客輕鬆地找到該網站。另外，網站應提供一個快速下載的工具，當顧客覺得對某一部分感興趣時可以下載下來慢慢研讀，但要注意網站速度不應該太慢。同時要有專門的建設維護人員，使網站處於更新發展狀態和可用狀態。

隨著電腦技術的發展，網上會展會越來越發揮它的作用，同時也會越來越智慧化和人性化，它將有力地推動會展業的發展，並在會展業中擔當更多的角色，但不可否認的是由於它自身的缺陷使得它永遠不能代替現實的會展，這一點是毫無疑問的。

複習思考題

一、填空題

1.收集客戶資訊的方法主要有______、______、______、______、______、______。

2.CRM的含義是指______。

3.分析會展市場客戶資訊的過程包括______、______、______。

4.網站的人性化設計包括______、______。

5.網上會展遵循的原則有______、______、______。

二、選擇題

1.會展企業的CRM流程不包括以下哪個環節______。

A.收集客戶資訊　　B.制定客戶方案

C.客戶細分　　D.實現客戶互動和分析客戶反應

2.______是現實展會的另外一種表現形式。

A.電話營銷　　B.郵寄宣傳資料

C.網上展會　　D.CRM客戶關係管理

3.促使會展業形成程式化的業務處理流程的主要手段是______。

A.嚴格的企業內部制度　　B.電子商務和網路技術

C.簡潔高效的組織結構　　D.新的管理方式

4.______既是中國會展業與國際接軌的一個重要衡量標準，也是會展業發展的必然趨勢。

A.網路化　　B.規模化　　C.透明化　　D.資訊化

5.CRM的含義是指______。

A.客戶檔案管理　　B.客戶資料管理

C.客戶關係管理　　D.客戶細節管理

三、問答題

1.簡述資訊技術對會展業的影響及其對策。

2.什麼是客戶檔案？如何建立？

3.什麼是CRM？在會展業中如何實施？

4.簡述網上會展的優缺點。

5.網上會展必須遵循的原則是什麼？

第十一章　會展危機管理

◆本章重點◆

透過本章的學習，瞭解會展危機管理和日常安全管理的主要內容，瞭解危機管理和安全管理的重要性。

◆主要內容◆

●會展危機管理

危機的概念和類型；會展危機管理的原則；會展危機預案；會展危機控制

●會展安全管理

會展安全管理的概念；會展安全管理的內容

會展是一個集人流和物流於一體的場所，任何的危機事態在會展中發生都可能造成重大的負面影響。2001年美國發生的「9·11」恐怖事件，導致許多展覽被迫取消。「香港國際珠寶展」上，曾僅在開幕之日就發生了兩起珠寶盜竊案，兩名參展商在兩分鐘之內被竊去價值200萬美元的鑽石。2003年的SARS事件造成會展業停滯時間長達4到5個月，全球展數量和展覽面積比上年同期減少60%，收入減少55%，利潤減少60%以上。這些事件無疑給會展業帶來了災難。

第一節　會展危機管理

一、危機的概念和類型

（一）危機的概念

人類社會對於危機這個字眼並不陌生，從單個人、家庭到社會都或多或少經歷過危機的考驗。而對於「危機」的界定長久以來卻沒有形成統一的意見，這些界定大致分為廣義的和狹義的。狹義的危機可以概括為：是危險和巨大困難的時刻；是一個轉折點；是一個重要的情形，這一情形的結局決定著是好的或者是壞的後果的發生。廣義的危機側重於它的不確定性和危害性。危機不論大小，都會對會展造成不同程度的威脅，妨礙會展活動的順利進行。會展危機管理的目標就是消除或者減弱這些危害，保證會展活動成功舉辦。這裡從危機管理的目的出發，把危機的特徵歸納如下：①危機是不確定的因素；②危機的發生會帶來損失；③危機有可能被預見；④危機不受波及範圍大小的侷限。

危機管理的實質是管理，是事先計劃、組織、指揮、協調和控制的過程；它的目的是儘量減少利益相關者的損失。根據具體情況，處理危機的主體選擇的側重點不同。

（二）危機的類型

為了更好地應對危機，首先要對會展危機事態進行分類，根據資源的相似性組織應對方案，減少成本、提高效率。通常可以把會展危機事態分為四類：

（1）醫療保健類。包括一些緊急的醫療事件，如人員昏迷、食物中毒、心臟病突發、傷亡以及暈車、嘔吐等等。

（2）安全事務類。如自然災害、人為事故災害、恐怖事件和犯罪行為等危害到員工和參展人員的人身安全和財產安全的事態。

（3）政策和法律法規類。涉及法律法規事務的行為，如，勞動糾紛、罷工、參展商的合約或契約問題、侵權行為等。

（4）重大活動變更類。計劃中的主要活動變更，如演講嘉賓缺席、大型活動取消和天氣因素導致的重大活動變更等。

會展危機事態的類型多樣，完全預測活動中的危機事態是不可能的，通常一次危機事態會同時包含多個類型，所以要想把危機事態的危害程度減到最小，一個詳盡的預案體系是必不可少的。

二、會展危機管理的原則

會展活動是特定空間的集體性的物質文化的交流、交易活動。跨文化跨地區的物資和人員在特定空間的集聚使得衝突、問題發生的可能性提高，加之公眾和媒體的廣泛參與使會展活動的影響面就變得更大。在面臨各種危機事態時，不同的指導原則可能帶來截然不同的後果，因此明確並遵循會展危機管理的指導原則是有效處理危機事態的必要前提和基礎。

（一）未雨綢繆原則

孫子兵法有曰，不戰而屈人之兵是上上之策。若能在危機發生之前就有效地解除乃是危機管理的最高境界。次之，是儘量減少危機帶來的危害。只有充分地預測危機，並制定相應的預案，在心理和生理上都做好充分的準備，這樣，危機或被遏制在萌芽中，或一旦發生，也在掌控之內，它產生的危害也最小。

（二）快速反應原則

危機發生後的24小時是解決危機最有效的時限，對於會展活動來說，處理危機的要求時限更短，有時甚至必須在分、秒之內作出決策。這就要求管理者要有良好的心理素質和豐富的危機管理經驗，能迅速找到問題的關鍵，並啟動相應的預案或提出行之有效的對策。特別對於眾多媒體參與的會展活動來說，這種反應速度的快慢往往是危機事態產生危害大小的關鍵環節。

（三）單一口徑原則

在危機處理過程中，危機管理部門對內部員工和外界公眾應持一致的口徑。對內要杜絕散布非正式管道消息，儘量減少訊息失真發生的可能性，防止非正式管道消息的擴大，加重危機事態或引發出新的危機；對外發言的立場要前後一致，儘量避免使用會引起異議的字詞，減少事端的發生，降低危機的負面影響。

（四）訊息對稱原則

即在危機處理過程中，應努力避免訊息不對稱的情況。理想狀態是，在對內、對外兩個層面上，保持訊息管道的雙向暢通。要在危機事態處理過程中及時通知內部人員和外部人員，減少訊息傳播的管道和層級，採用面對面的通知和交流方式避免訊息失真。為了杜絕內部員工的妄加猜測和外界媒體的歪曲事實現象，所有的發言都要經過仔細準備和嚴格審核。

（五）全面衡量原則

圍繞危機事態所做的一切管理決策，都應以辦展主體、展商、觀眾和媒體為決策之基準點，進行全方位的衡量和籌謀，平衡各方面的利益，除此之外，還應兼顧經濟利益、社會利益和環境利益。這一原則要求決策人員有大局意識、果斷決策的能力和高度的社會責任感。

（六）維護形象原則

展會的品牌是展會得以長期生存的基礎，對於組展單位來說危機事態對形象和品牌的危害往往較之財產安全要重要得多。而且對於形象的危害也是最深刻最長遠、最難恢復的。在危機發生之後，組展單位的立足點應放在維護展會的形象，在危機管理的全過程中，要努力減少對形像帶來的損失，爭取展商和觀眾的諒解和信任。而且，實行前述五項原則的最終目的也是為了維護企業的信譽。

此外，最後一個原則，維護形象也是危機公關管理的主要內容，因此，危機在維護形象、提升品牌知名度方面，也是一種機會。

三、建立會展危機預案

危機預案是危機一旦發生後，危機處理的保證和行動指南。危機預案一般包括危機管理機構，危機預測和分析，危機事態分類，危機事態排序、分級和評估，分類預案，危機管理培訓和演習六個部分的內容。（圖11.1）

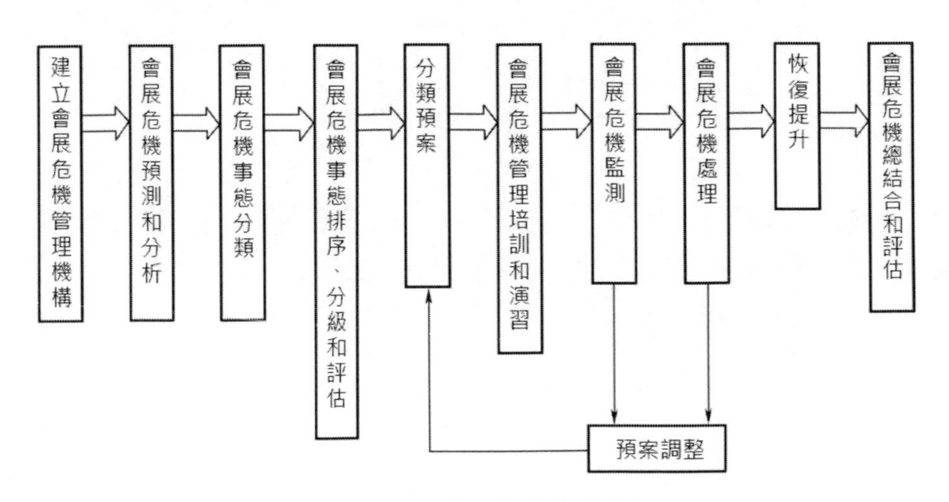

圖11.1 會展危機管理流程

（1）建立會展危機管理機構——包括確定負責人、人員構成、替補人員以及組織結構設計。

（2）會展危機預測和分析——包括正確選擇預測和分析方

法，分析評價各種危機發生的可能性。

（3）會展危機事態分類——根據處理危機事態所需要的資源相似性對危機進行分類，類別層級盡可能具體、詳細。

（4）會展危機事態排序、分級和評估——即建立各種危機事態處理的優先次序，根據對社會造成的影響、發生的頻率、引起公眾的關注度或管理的難度劃分不同的危機等級，從而根據等級採取相應的對策。

（5）分類預案——根據危機的類別，確定危機處理的目標以及所需的資金、資源和方式辦法。

（6）會展危機管理培訓和演習——培訓和演習應包括心理訓練、危機處理知識訓練和危機處理基本功演練等內容。培訓和演習不僅可以提高應對危機的快速反應能力，強化危機管理意識，還可以檢測已擬定的危機預案是否切實可行。

四、會展危機控制

詳細具體的各項危機預案的效果只有在控制過程中才能顯現，會展危機控制的內容主要包括以下三個方面：

（一）會展危機監測

監測的範圍不僅限於展會活動現場，而且要監測場館以外的政治環境、經濟環境和社會環境對展會造成的潛在影響。

監測的方式不僅借助於現代電子裝置進行監控，還要配備人員監測電子裝置無法監測的區域，建立訊息傳遞和反饋系統，保證監測訊息的暢通流動。

（二）會展危機處理

針對不同的危機有不同的處理方法。但要及時果斷地處理危機，首先要迅速查找出主要危機和關鍵因素，以此為基礎，參照已有的危機預案進行處理，這樣可以集中力量使主要危機和關鍵環節得到控制，然後再妥善處理其他危機因素。

處理已經發生的危機要照顧好以下幾個方面：抓住事件的本質，按照預案果斷解決事件本身；處理好內部危機管理人員之間、執行人員之間以及兩者之間的溝通和協調；處理好與外部媒體和其他公眾的溝通，防止事態擴大。

為了降低危機帶來的負面影響，有效的措施有：在媒體上進行公關宣傳，召開新聞發布會、與相關部門保持良好溝通，採取主動說明、積極賠償等手段將承擔責任、注重信譽的負責任的形象傳遞給公眾，以轉變展覽組織者的形象。

（三）調整預案

在會展的組織、進行過程中，不可避免的、不斷變化的環境可能導致對危機事態的預測與評估發生相應的變動，所以要把危機管理納入一個動態的過程中，不斷調整已有的預案，以適應展會的發展需要。

此外，會展主辦單位要把自己的會議、展覽主動融入整個社會的危機處理系統中去。比如，如果在會展現場發現疑似非碘或禽流感的現象，那就要盡快把這個訊息反饋上去，使之迅速進入整個社會的危機管理系統，讓整個大系統都知道這件事並及時採取措施。

五、恢復提升

透過有效的控制雖然可阻止危機的蔓延，但畢竟損失已經發生。一般情況下，危機過後，參展商對展會的信心、員工的身心健康、展會的社會聲譽等都會受到明顯的影響，這些都需要依靠危機恢復管理來解決。這個階段的工作主要有：恢復參展商、觀眾、媒體和政府對展會的信心；給予員工相應的撫卹。例如，當危機得到控制後，如果參展商沒有得到應有的補償，或者在危機處理中表現突出的員工未得到相應的獎勵，很可能會使展覽會再次陷入新的危機。有可能的話，可以設專人負責危機恢覆訊息的收集分析和危機恢復決策的制定。

恢復工作的執行者最好是能夠代表高層的人，要盡可能給予參展商、觀眾和內部員工最大的心理安慰。

危機過後，展會的市場和公眾形像往往會受到重創，因此，在恢復的基礎上，展會的主辦單位還要致力於重新塑造形象，有時候採取積極有效的措施，展會主辦單位和展會本身的形象會得到大大提升。事實上，在大多數情況下，展會的形象受損都是因為主辦單位在危機管理中的溝通不暢，由此可見，逐步挽回和重新塑造因危機事件而受損的展會形象也是危機恢復階段的重要工作。

為重新塑造形象，展會組織者可以從以下幾個方面著手：與媒體進行及時溝通，恰當解決公眾關心或存有疑慮的問題；有效傳達展會組織者對危機的真實態度和已做出的一切努力；努力採取新的有效手段來轉移媒體和公眾的注意力；協調利益相關主體的關係。

六、總結和評估

這個階段的工作重點是處理會展危機的後續工作和編寫總結報告。

後續工作包括：①對內部的工作人員、外部調用人員、危機涉及的參展商和觀眾按照規定給予撫卹、補償或補助，並提供司法及心理援助。②調查危機產生起因、落實責任、評估危機對展會產生的影響範圍，採取補救措施維護展會的品牌和形象。

編寫危機報告，如實記錄危機發生過程中的事件。通常，危機報告有兩種形式：第一種是蒐集在危機事件中發生的、所有以後可能用到的訊息和數據。例如，危機事件的所有目擊者的姓名和地址，事件發生的確切時間、地點等。第二種報告是呈送給有關當局的，如警署、消防局、醫療協會。

第二節　會展安全管理

幾乎近些年發生的大部分會展危機事件都是安全事件，而且這個比例還在逐年上升。如今，在展覽業成熟的國家，安全問題越來越受到重視。中國會展業如何進行行之有效的安全管理，保護參展商和觀眾的利益是本節要討論的重點。

一、會展安全管理的內涵

（一）會展安全的內涵

安全的內涵有以下四層含義：一是客人、員工兩個方面的生命、財產及企業財產的安全；二是客人的商業祕密以及隱私的安全；三是企業內部的服務和經營活動秩序、公共場所秩序保持良好的安全狀態；四是不存在導致客人、員工兩個方面的生命、財產及企業財產造成侵害的各種潛在因素。

（二）會展安全管理的內涵

會議場所和展覽場館是一個公共場所，公共場所人員聚集，密度高，因此必須保障人員的人身安全；再加上展會上存放大量財產、物資和資金，因此人、財、物、訊息等安全成為會展的基本需要。

所以，會展安全管理的內涵可以被定義為：為保障客人、員工兩個方面的生命、財產安全而進行的一系列計劃、組織、指揮、協調、控制等管理活動。

例如，廣交會就非常重視安全保衛工作，專門成立了大會保衛辦公室，負責交易會展覽場所和重要活動安全保衛工作的組織領導，包括制定廣交會各種保衛方案和措施，協調各級公安部門行動，為廣交會創造安全良好的社會環境；指導各交易團做好本團的安全保衛工作；維護展館的防火安全；維護廣交會大院及其附近道路交通秩序，保障交通暢順；負責發放內賓證件和車證等。人員組成上包括下述部門和機構：商務部人事司、廣東省公安廳、廣州市公安局、廣州市國家安全局、武警廣東省總隊、外貿中心保衛處等。

二、認識危及安全的事件

在討論安全管理之前，首先有必要瞭解這些事件，確定管理的目標，這樣才能有的放矢，提高管理的效率。危及安全的事件多種多樣，盜竊、搶劫、火災、突發疾病、食物中毒，甚至爆炸、恐怖主義以及工作人員的失職等等，都是很可能發生在展覽和會議中的。這裡列舉幾種較為典型的事件：

（一）火災

在大型活動中，大部分火災都是人為因素造成的。火災也許是第二個最為常見的人為災難。例如，展館內部和外部的電路複雜，稍有疏忽就會引起火災；展覽會中的某些參與者可能將尚未完全熄滅的煙頭丟棄，加上展台搭建用的材料很多是易燃材料，很容易使火勢蔓延；更為可怕的是火災發生後會引起人們恐慌，匆忙向入口逃散，往往給救火工作造成阻礙。此外，由於恐慌的人群所造成的人員傷害更是無法估量的。

雖然火災是極具破壞性的，但只要做好相關預防工作，展覽會組織者可以將這種危險性降為零。這需要展覽會組織方和場館管理者在最初的策劃或現場的服務中將所有可能造成火災威脅的注意事項（如禁止吸煙的標誌要醒目，員工要熟知消防器材的安放地點和使用方法等）、緊急逃散方式（出入口以及緊急出口的標誌要明顯）、在發生危害時的急救措施告知每一位與會者（會前的宣傳手冊告知和危害發生時的現場指導相結合）。迄今為止，展覽業中還沒有發生過嚴重的火災事故，但管理者依然要給予足夠的重視。

（二）醫療衛生

展會現場是人流的聚集地，其中可能有傳染病攜帶者，而病人和會展組織者可能不知道；擁擠或者過於激動也可能造成某些突發性疾病如暈厥；在統一安排的條件不是很完善的就餐環境中，可能會發生食物中毒等醫療衛生事件。所以基本上每個會展活動都應採取基本的醫療救助措施來維護會展活動的正常進行。

國際會展管理協會（IAEM）的《生命/安全指導方針》指出，每個會展或會展機構都要有合格的員工在場來處理緊急醫療事件。除了對正式員工及簽約傭員進行事先培訓，指導怎樣應對緊急醫療事件外，還應當聘請合格的醫護人員在觀眾入場、展覽期間以及觀眾退場時值班。聘請的醫護人員或場館中可用的緊急救援人員，應當精通基本的救生常識、傷病診斷、急救主持和心肺復甦術，通曉危機通報計劃的應用以及整個危機管理計劃中的所有其他要素。

（三）盜竊

這是在展覽中經常發生的一類事件。由於展覽會的參加人數多、流動性大，對進入者的身分核查難度較大。近幾年，在展覽中發生的盜竊行為有上升趨勢，有很多盜竊團夥、盜竊集團把展覽看成是難得的「契機」。

預防盜竊事件首先要從入口開始，加快電子身分核查系統的開發和應用，保證進入人員的合格，對有前科人員提高警惕。對於安全要求標準較高的展會，要加大安全預算支出，引進和改進電子監控設施。此外，要加強安全保衛團隊的建設和與武警部隊的聯繫。

（四）工程事故

由於展覽會中的展台和所需要的各種建築大多是臨時搭建的，在活動結束後會被拆掉，因而一些參展商可能為了節約成本，找一些非專業的設計公司現場施工，所使用的材料及施工質量都可能存在嚴重的安全隱患。展覽會現場管理者並不需要懂得如何去搭建一個安全的展覽會設施，但卻要明白哪些問題是需要在最後的安全檢查中確認的，比如，是否使用了易燃的材料？是否有什麼地方容易滑倒、跌落或者絆倒？垃圾和其他廢品存儲在什麼地方？工具放在什麼地方？展台是不是能夠承受道具和演員或演講者、客人、樂隊的重量？等等。

一般來說，得到有關部門正式批准的展會都會有一系列的安全規定，例如，為了保證安全，展台搭建所用的材料必須具備防火功能；照明設備和材料必須符合當地安全標準；電源必須由展覽會指定的搭建公司人員連接。此外必須注意施工搭建的安全，不能使用有安全隱患的工具和材料；在展出期間，要有專人負責檢查展台及設備情況，以保證展台安全和設備的正常工作。

（五）暴力行為

暴力行為範圍很廣，它包括搶劫、襲擊、對抗、示威、恐怖活動和暴亂。這裡要強調的是恐怖主義是確實存在的，國際恐怖主義活動的很大一部分是針對會展的，但是國際上有一種新的趨勢，恐怖主義襲擊的目標越來越多地指向旅遊者。

這些事件最典型的特點是影響面很大，處理這類事件除了及時與武警部隊配合，盡快解決問題之外，還應該配備一個有經驗的發言人或是協調員，來防止已有的事件擴大，同時穩定與會者和外界的情緒，使會展能順利進行。為了避免搶劫等一般犯罪行為的發生，會展舉辦之前瞭解所在區域的犯罪率和以前會展期間發生過的犯罪種類是必要的步驟。

（六）自然因素

在會展的舉辦地，自然災害這種不可抗力會導致財產和人身的危險。自然災害的劇烈性和大範圍破壞性通常會造成難以估量的損失。作為會展主辦單位，在選擇城市、場館時就要充分考慮這些因素，首先查看選擇的城市有沒有發生自然災害的歷史，其次場館建造時有沒有考慮這些因素，以及能承受的自然災害的級別有多大。

一旦發生災害，城市的相關部門和場館方面有沒有應對方案和設施十分重要。在做場地檢查時，要確保對所有警報裝置都有清楚的瞭解。

三、會展安全管理的內容

會展安全管理涉及的內容非常廣泛，它涉及防火安全、用電安全、搭建安全等等。其目標是消除危機產生的潛在因素，或者降低不可避免的危機產生的負面影響。安全管理要立足於會展進行的全過程，會展項目策劃的每一個環節都是管理的重點。具體的步驟有以下幾個方面：

（一）選擇場館

在會展場館的選擇過程中，一定要進行安保檢查。檢查的內容主要有：有無發生過火災、盜竊等事件；出入場館的交通是否符合交通安全標準；場館內的安全設施是否齊全等等。除了要做實物檢查，還要問一些很直接的問題，來確保選擇的城市和會展場所是相當安全的。

有很多工具可用來輔助對會展場所進行安保檢查。為了測定所選城市的相對安全性，可以根據以下幾點來評估：特殊利益團體和支持者；犯罪率；勞工情況／糾紛；自然災害。

安全專家建議在做場館的安保檢查過程中，應檢查用電安全監控系統和應急服務。全面詢問有關安全的問題，直到覺得這個場所相對比較安全為止。

（二）制定安全規章制度

每個會展都有自己的展示規章制度，來保護會展管理方和觀展者免受會展舉辦過程中的內在風險的危害。展示規章制度一般會在參展商手冊和展位銷售合約中註明。通常，應在整個會展策劃過程的前期訂立銷售合約並制定展示規章制度，同時要確保出售第一批展位之前，它們已經制定完善，並且得到強制執行。

國際會展管理協會（IAEM）已為會展制定了展示標準，這將有助於會展管理者為自己的會展制定展示規章制度。IAEM編撰的《展示規章指導方針》應附在參展商手冊中，以確保展位的搭建和展品的展示都符合行業標準。

應用於會展的安全和意外事故預防準則會因會展的不同而有所不同，這主要取決於會展的種類、展出的地點和性質。一般，安全規定的內容有：防火安全條例、用電安全條例、展台搭建和展品運輸安全條例、裝飾材料使用安全條例、展品安全條例、公共區域安全防範規定。通常這些規章制定的原則是展館自身的特殊情況和參照依據相結合；標準展位與特裝展位區別對待，並且必須標明處理違章的方式與方法。

1.消防安全規定

展會開幕前後展區內人員密集，展品眾多，展會的消防安全十分重要。辦展機構一般都要求各參展商用的搭建材料符合消防要求，是耐火材料；明火、液壓罐、便攜式加熱設備、液化石油氣等，或者被嚴令禁止，或者要經過消防局或合格的設施代表的檢測、批准，方可使用；展位之間的通道必須保持有一定的寬度，一般展會中禁止吸煙；特裝展位的搭建必須考慮消防安全的需要，在展會開幕和佈展之前，展會的消防安全計劃以及特裝展位的搭裝計劃還必須送交有關政府部門審批；場館方的消防通道和消防設備要清晰標出、隨時可見，不能封堵這類消防設施；另外，觀展者在場時，不準將消防通道鎖住。

2.建築物搭建和運輸規定

在大多數會展規章制度中，搭建標準是必不可少的考量標準，尤其對於特裝展位。展會的展位承建既是一項專業性很強的工作，也是一項關係到展會形象和聲譽的重要工作。如今，除了一些大的參展商會自己設計和搭建展位外，許多展會的組織者和辦展機構都不再承擔展會展位的承建工作，而是把這項工作交給專門從事展會展位搭建的展位承建商，由他們來負責展會展位的具體承建，自己則致力於搞好展會的招展招商和組織管理工作。一般來說，選擇展會承建商應從以下幾個方面來進行考察：技術是否全面；經驗是否豐富；是否熟悉展覽場地和設施；是否能提供展台維護保養服務等方面。

要參照國際會展管理協會（IAEM）的《展示規章指導方針》制定展台搭建標準。一般來講，那些兩層的、有階梯的或者有額外高度等特徵的展台，必須有搭建計劃，而且這個計劃必須透過註冊專業工程師和所在展館的工程技術人員的認可。

參展方必須遵守上述標準，以及由當地的條例和此次會展的具體情況所制定的相關規章制度。通常，應當在標準的最後加上一點說明，此標準的解釋權歸會展管理方。

3.貴重物品安全管理規定

有貴重物品參展時，必須採取一些預防措施，首先在展台展櫃設計時要融入保安意識：存放珠寶的陳列箱需裝有安全防盜、防彈玻璃，並配以特製的保險鎖。通常保險公司會提出一些具體的建議和要求。其次，對每一件展品都要做好標記並進行登記。通常警方能就如何做好標記提出一些建議，如雕刻記號或利用紫外線才能顯示的記號等。至於利用警報器保護展品，專業的安全產品公司會推薦一些有效的裝置。若展品系極高價值的貴重物品，則需要僱用保安人員值夜守衛，但要提前與展覽組織者商定並與展廳保安部門取得聯繫。在展位搭建和拆除過程中，貴重展品可以放在安全性較強的儲存室和保險櫃中，根據物品的重要程度還可以選用防盜相機或白天僱用保安人員以確保物品安全。

4.公共區域安全規定

出入口區域：展廳出入口不能有障礙物，並且要足夠開闊，使其能作為緊急出入口。緊急出口在觀展者參觀期間一定不能關閉。不要將消防設施和應急設備隱藏或加以遮擋。滅火器、盛放滅火水龍帶的櫥櫃、報警信號箱、消防用水管，不能以任何方式隱藏或遮擋。最初的展廳樓層規劃應當清楚地說明上述所有設施的具體位置。

交通區域：展廳中的走廊和人行道至少要有8英呎寬，如果是公眾會展，這個寬度要增大到10英呎。建築物的安保官員和員工，應當監控所有人流擁擠出入口的情況。

此外，在合約中對於在會展中發生的偷竊、損壞、遺失和破壞等情況，公司是負有限責任還是不負任何責任，都要清楚地加以說明；有了各種各樣的安保措施，還應說明是否將提供24小時安全服務和提供展後保管服務；為了避免被參展方誤解以及隨後的糾紛和可能發生的訴訟，合約中應以某種形式註明不承擔責任條款，亦即註明作為會展管理方，保留修正和解釋合約中的條款、條件和限制的權利，因為這有利於保障會展的成功和推進主辦單位的意圖。

（三）成立管理組織

首先，確定危機管理小組成員構成：總責任人可以是場館方人員、主辦單位人員或者是外部聘請的專家，關鍵是選擇善於處理危機情形的人。小組成員不必太多，兩到三人即可，當情況發生時可以把內部員工納入安全管理的體系中來，這樣可以節約成本，減少人員閒置帶來的浪費。

其次，確定總責任人和每個員工的責任。

最後，對會展管理小組中的所有成員進行培訓，使他們掌握如何在危機情形中作出反應，包括如何運用雙向無線電通訊設備等。在會展開幕之前，進行一次演習。保證在會展中工作的任何人（會展設施方工作人員也包括在內）都保持高度警惕，都接受過危機管理的培訓，並且都參與到演習中來。情況發生後，管理組織可以迅速擴展成具有如下職能的結構。（見圖11.2）

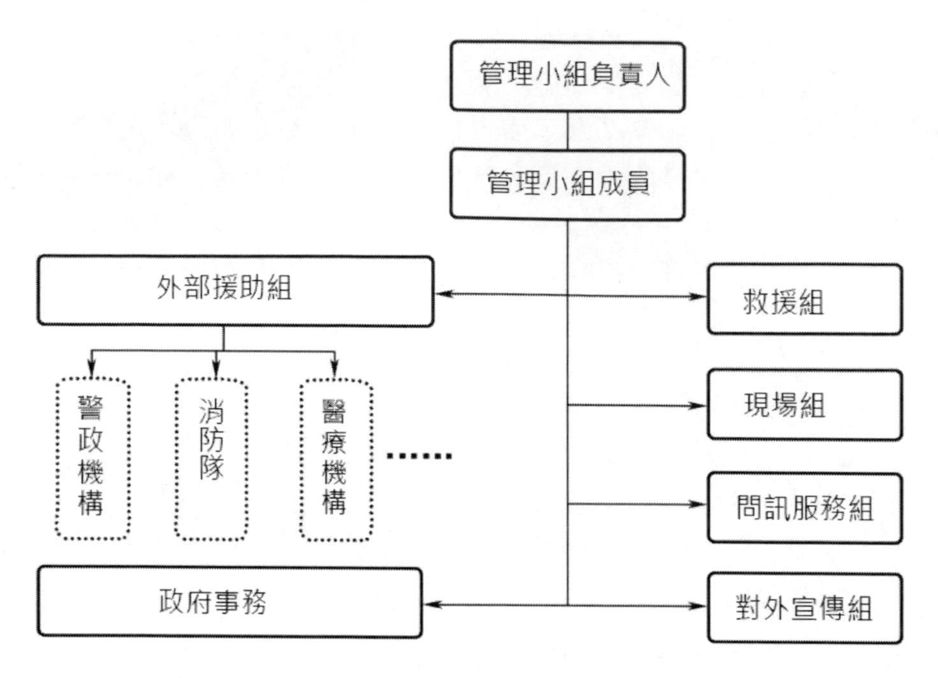

圖11.2 會展管理小組職能結構圖

（四）保險

由於在會展活動中危機的存在，除了應做好應對危機的預案，儘量避免損失之外，規避風險的有效措施就是購買保險。在中國，一些參展商會單獨為自己的財產投保，然而針對會展的專業險種卻十分缺乏。在國外會展保險發達的國家，會展業透過一個有代表性的、高度自律的行業協會來促成保險工作，它具有唯一性、全國性和權威性，它鼓勵行業內部自辦保險，如設立自保基金或組建互保機構等。而且，西方國家展覽業保險十分注重專業細分和對象細分，對許多微觀產品提供創新的、有特色的服務。它們的險種有：綜合責任一般險的年度保險、重要人物險、經營中斷險、傷殘險、展品和攤位的意外損害與丟失險、參展人員的意外傷害險等等，這種細分強化了保險的功能，為會展主辦單位、參展單位和觀眾最大限度地減少損失提供了可能。

關於保險，最受關注的應該是責任範圍。好的一般責任險其賠償責任範圍包括第三方及觀展者的人身傷害和財產損失。其他情況在一般責任保險單中也可以得到保障。保險費數額通常基於對風險的測評確定，如展台的數量、估計的觀展者數量、會展的類型（展示品等）。在會展行業做生意，保險支出是正常支出。關鍵是知道自己需要什麼。

在中國，中保開發的財險險種是最多的，涉及廣泛。但從名稱或條款上講，還沒有一種專門的展覽類綜合保險。不過，中保越來越重視針對特定行業保險的開發。目前，許多險種適用於會展行業。比如，展覽會開始前的展品運輸、展台搭建等，都有相應的保險。在展覽會進行過程中，由於主辦單位的疏忽或過失等造成的損失，有公眾責任險；主承辦方的僱員發生意外傷亡，可考慮投保僱主責任險。在中保的公眾責任險項下，有一項擴展的條款——偶發事件險。這是針對被保險人的經營風險所設的險種。

以上是主辦單位對於會展安全管理的內容，而對於參展單位來說，在展覽中應該注意的一些事項有：

●是否有完整的突發事件處理方案？

●是否有救生系統和火警系統？

●緊急出口是否明顯標示、暢通無阻並能正常使用？

●展覽會期間，該設施是否提供醫療服務？如果沒有，最近的正規診所或醫院在哪裡？

●該設施是否有公眾廣播系統以便緊急事件發生時可以及時通知？

●該設施是否經受過自然災害（如颶風、颱風、地震等）？如果有，是怎麼處理這些情況的？

●該設施和參展商下榻酒店內部或附近是否有治安問題？

●在展覽會期間如何管理和控制觀眾、展位工作人員、基建人員的出入？這些措施是否奏效？

●該設施的外部和停車場的照明是否足夠？

●該設施有什麼樣的保安人員？每班崗配備幾名？職員接受過什麼培訓（急救、防火防盜等）？

●該設施如何保證你的設備在展前展中展後的安全？

複習思考題

一、填空題

1.危機管理的實質是______，目的是______。

2.會展危機的類型包括______、______、______、______。

3.危機預案一般包括______、______、______、______、______和______六個部分的內容。

4.危機過後展會重新塑造形象的途徑有______、______、______、______。

5.為了測定所選城市的相對安全性，可以根據以下幾點來評估：______、______、______、______。

二、選擇題

1.下面______不是會展危機管理的原則。

A.訊息應用、領導參與　　B.未雨綢繆、單一口徑

C.快速反應、維護形象　　D.訊息對稱、全面衡量

2.國際會展管理協會的縮寫是______。

A.IAEM　　B.IECA　　C.ICEM　　D.IAECM

3.會展安全管理的對象包括______。

A.參展商的生命和財產　　B.觀眾的生命和財產

C.參展商和觀眾的生命財產　　D.參展商、觀眾和員工的生命財產

4.展廳中的走廊和人行道至少要有______寬。

A.6英呎　　B.8英呎　　C.10英呎　　D.12英呎

5.會展安全管理的內涵可以被定義為為保障的______生命、財產安全而進行的一系列計劃、組織、指揮、協調、控制等管理活動。

B.客人　　B.員工　　C.管理者　　D.客人、員工

三、問答題

1.簡述會展危機的主要特點和分類。

2.會展危機管理必須遵循的原則有哪些？

3.簡述會展危機管理的流程。

4.簡述會展安全的內涵。

5.常見的危及安全的事件有哪些？簡單分析其原因和解決措施。

6.會展安全管理的內容主要有哪些？

國家圖書館出版品預行編目(CIP)資料

會展運營管理 / 胡平 主編.
-- 第一版. -- 臺北市 : 崧燁文化, 2019.01

面 ; 公分

ISBN 978-957-681-694-9(平裝)

1.會議管理 2.展覽

494.4 107022188

書　名：會展運營管理
作　者：胡平 主編
發行人：黃振庭
出版者：崧燁文化事業有限公司
發行者：崧燁文化事業有限公司
E-mail：sonbookservice@gmail.com
粉絲頁　　網　址：
地　址：台北市中正區重慶南路一段六十一號八樓 815 室
8F.-815, No.61, Sec. 1, Chongqing S. Rd., Zhongzheng Dist., Taipei City 100, Taiwan (R.O.C.)
電　話：(02)2370-3310 傳　真：(02) 2370-3210
總經銷：紅螞蟻圖書有限公司
地　址：台北市內湖區舊宗路二段 121 巷 19 號
電　話:02-2795-3656　傳真:02-2795-4100　網址：
印　刷：京峯彩色印刷有限公司（京峰數位）

定價：450 元
發行日期：2019 年 01 月第一版
◎ 本書以POD印製發行